# 《煤层气地面开采建设项目安全验收评价实施细则》解读

编审委员会主任　李传贵
副主任　杨恩道　贺定超　杨国栋
主　编　许鹏飞　赵　浩

应急管理出版社
·北　京·

**图书在版编目（CIP）数据**

《煤层气地面开采建设项目安全验收评价实施细则》解读／许鹏飞，赵浩主编．--北京：应急管理出版社，2023

ISBN 978-7-5020-9679-3

Ⅰ.①煤…　Ⅱ.①许…　②赵…　Ⅲ.①煤层—煤成气—气田开发—安全规程—中国　Ⅳ.①TE37-65

中国国家版本馆 CIP 数据核字（2023）第 165613 号

**《煤层气地面开采建设项目安全验收评价实施细则》解读**

---

**主　　编**　许鹏飞　赵　浩
**责任编辑**　成联君
**编　　辑**　杜　秋
**责任校对**　赵　盼
**封面设计**　解雅欣

**出版发行**　应急管理出版社（北京市朝阳区芍药居 35 号　100029）
**电　　话**　010-84657898（总编室）　010-84657880（读者服务部）
**网　　址**　www. cciph. com. cn
**印　　刷**　北京建宏印刷有限公司
**经　　销**　全国新华书店

**开　　本**　710mm×1000mm 1/16　**印张**　8 1/2　**字数**　132 千字
**版　　次**　2023 年 10 月第 1 版　2023 年 10 月第 1 次印刷
**社内编号**　20230766　　**定价**　39.00 元

---

# 编审委员会

# 前　　言

煤层气作为一种典型的非常规天然气资源，对我国经济发展具有十分重要的现实意义。我国煤层气的储量非常丰富，但是开采难度相对较大，开采过程中的安全管理要求也比较高。由于煤层气本身具有易燃易爆的特点，因此生产安全在煤层气开采、储运等过程中需要高度重视，安全生产是保证煤层气有序开发的前提和保障。

开展安全评价是贯彻落实“安全第一，预防为主，综合治理”安全生产方针的重要手段，也是加强安全生产监督管理工作的重要依据。实践证明，推行煤层气企业安全评价对促进煤层气企业进一步提升安全管理水平，扎实推进安全生产治理体系和治理能力现代化具有重要意义。我国开展安全评价工作已有20余年。2003年国家安全生产监督管理总局印发了《安全评价通则》（安监管技装字〔2003〕37号），2008年国家能源局发布了《石油行业建设项目安全验收评价报告编写规则》（SY/T 6710），长期以来煤层气地面开采行业安全验收评价工作参照石油天然气行业开展，但煤层气地面开采与石油天然气开采又存在明显不同，亟待出台与本行业特点相适应的安全评价标准。

为了进一步规范煤层气地面开采建设项目安全验收评价工作，2016年国家安全生产监督管理总局将煤层气地面开采建设项目安全验收评价实施细则列入安全生产行业标准计划项目之一。由应急管理部研究中心、中国煤炭工业协会生产力促进中心、中煤科工集团重庆研究院有限公司等单位组织编制，其间经现场调研、多轮讨论、征求意见、修改完善工作，《煤层气地面开采建设项目安全验收评价实施细则》（AQ/T 1120，以下简称《细则》）由应急管理部于2023

年2月21日发布，2023年8月20日正式实施。《细则》规定了煤层气地面开采建设项目安全验收评价工作的程序、内容、方法和评价报告编制等的基本要求，制定了详细的安全检查表。《细则》明确了煤层气地面开采建设项目安全评价现场应检查什么、如何检查、报告怎么编制等问题，是指导煤层气地面开采建设项目开展安全验收评价工作的行动指南，必将对煤层气地面开采建设项目安全生产管理水平的提升产生积极的促进作用。

为了全面解读《细则》，指导帮助煤层气地面开采建设项目、安全评价机构及相关人员准确把握煤层气地面开采建设项目安全验收评价的工作程序、主要内容和核心要求，进一步提高煤层气地面开采安全管理水平，我们组织编写了《〈煤层气地面开采建设项目安全验收评价实施细则〉解读》（以下简称《解读》）。《解读》介绍了煤层气地面开采安全评价的发展历程以及《细则》的制定背景、主要特点、主要内容、目的意义，详细阐述了《细则》的具体要求，具有较强的指导性和实用性，是开展煤层气地面开采建设项目安全验收评价工作的重要参考资料。希望广大煤层气地面开采建设项目、安全评价机构通过对照《解读》内容，更好地规范煤层气地面开采建设项目安全验收评价工作，保证评价报告编制的科学性、针对性、完整性，提升报告编制水平和煤层气地面开采安全生产管理水平。

《解读》由应急管理部研究中心组织编审，编写过程中得到了国家矿山安全监察局政策法规和科技装备司、煤矿安全监察司、综合司的大力支持，他们对本书提出了宝贵的修改意见，在此表示衷心的感谢。

由于编者水平有限，加之时间仓促，书中难免有疏漏和不妥之处，欢迎广大读者批评指正。

编审委员会

2023年5月

# 目　　录

# 1 概　　述

《煤层气地面开采建设项目安全验收评价实施细则》（AQ/T 1120—2023）自2023年8月20日起正式实施。该标准由中华人民共和国应急管理部提出，由全国安全生产标准化技术委员会煤矿安全分技术委员会归口，应急管理部研究中心、中国煤炭工业协会生产力促进中心、中煤科工集团重庆研究院有限公司、华新燃气集团有限公司、中国矿业大学负责起草。

## 1.1 煤层气地面开采安全评价的发展历程

### 1.1.1 国外安全评价发展概况

安全评价是系统安全工程理论中的一个重要内容，它的形成和发展不是孤立的，它与系统安全工程的理论和应用技术的发展是相辅相成的，它为预测、预防事故的发生，预先采取防范措施，降低工程、系统的安全风险程度创造了条件。

安全评价技术起源于20世纪30年代，是随着西方国家保险业的发展需要而发展起来的。保险公司为客户承担各种风险，必然要收取一定的费用，而收取费用的多少是由所承担的风险大小决定的。因此，就产生了一个衡量、确定风险程度的问题，这个衡量、确定风险程度的过程实际上就是一个安全评价的过程，因此，安全评价也称作风险评价（Risk Assessment）。

安全评价技术在20世纪60年代取得了很大的发展，这得益于系统安全工程理论的完善和发展。系统安全理论首先被应用于美国军事工业。1962年4月，美国公布了第一个有关系统安全的说明书——《空军弹道导弹系统安全工程》，以此作为对与民兵式导弹计划有关的承包商提出系统安全要求的依据，这是系统安全理论的首次实际应用。1969年，美国国防部批准颁布了最具有代表性的系统安全军事标准《系统安全大纲要点》（MIL-STD-822），对完成系统在安全方面的目标、计划和手段，包括设计、措施和评价，提出了具体的要求和程序。此项标准于1977年修订为MIL-STD-822A，1984年又修订为MIL-STD-822B，对世界工程安全和防火领域产生了巨大影响，并被陆续推广到世界各国的航空、航天、核工业、石油、化工等领域，经过不断发展、完善，形成了现代系统安全工程的理论、方法体系，在当今安全科学中占有非常重要的地位。

系统安全工程理论和技术的发展与应用，为进行事故预测、预防系统安全评价奠定了科学基础。安全评价的现实作用促使许多国家政府、工商业集团逐渐重视对安全评价的研究，并开发自己的评价方法，对系统进行事先、事后的评价，分析、预测系统的安全可靠性，最大限度地避免损失。

1964年，美国陶氏化学（DOW）根据化工生产的特点，首先开发出“火灾、爆炸危险指数评价法”，用于对化工装置进行安全评价。该评价方法已经进行了多次修订、补充和完善。它以单元重要危险物质在标准状态下的火灾、爆炸或释放出危险性潜在能量大小为基础，同时考虑工艺过程的危险性，计算单元火灾爆炸指数（F&EI），确定危险等级，并提出安全对策措施，使危险降到人们可以接受的程度。1974年，英国帝国化学工业公司（ICI）蒙德（Mond）部门在陶氏化学公司评价方法的基础上引入了毒性概念，并发展了某些补偿系数，提出了“蒙德火灾、爆炸、毒性指标评价法”。1974年，美国原子能委员会在没有核电站事故先例的情况下，应用系统安全工程分析方法，提出了著名的《核电站风险报告》（WASH-1400），该报告被后来发生的核电站事故所证实。1976年，日本劳动省颁布了“化工厂安全评价六阶段法”，确定了一种安全评价模式，并陆续开发了“匹田法”等评价方法。

由于安全评价在预防事故，特别是在预防重大恶性事故方面取得的巨大效益，因此许多国家政府和生产经营单位投入巨额资金进行安全评价，如美国原子能委员会1974年发表的《核电站风险报告》就耗资300万美元。当前，大多数工业发达国家已将安全评价作为工厂设计和选址、系统设计、工艺过程、事故预防措施及制订应急计划的重要依据。近年来，随着信息处理技术、数字化技术和事故预防技术的进步，还开发出了包括危险辨识、事故后果模型、事故频率分析、综合危险定量分析等内容的商用化安全评价计算机软件，计算机技术的广泛应用又促进了安全评价向更深层次发展。

20世纪70年代以后，发生了许多震惊世界的火灾、爆炸、有毒物质泄漏事故。例如，1974年，英国弗利克斯堡化工厂发生的环己烷蒸气爆炸事故，死亡28人、受伤109人，直接经济损失达700万美元；1975年，荷兰国营矿业公司10万吨乙烯装置中的烃类气体逸出，发生蒸气爆炸，死亡14人、受伤106人，大部分设备被毁；1978年，西班牙巴塞罗那市和巴伦西亚市之间的通道上，一辆满载丙烷的槽车因充装过量发生爆炸，烈火和浓烟造成150人被烧死、120多人被烧伤、100多辆汽车和14幢建筑物被烧毁；1984年，墨西哥液化石油气供应中心站发生爆炸，约有490人死亡、4000多人受伤，另有900多人失踪，供应站内所有设施毁损殆尽；1988年，英国北海石油平台因天然气压缩间发生大量泄漏而发生大爆炸，在平台上工作的230余名工作人员只有67人幸免于难，使英国北海油田减产12%；1984年12月3日凌晨，印度博帕尔农药厂发生一起甲基异氰酸酯泄漏的恶性中毒事故，有2.5万人中毒死亡，20余万人中毒。这些重大事故的发生，都在倒逼着安全评价体系的发展。

20世纪80年代以后，恶性事故造成的人员严重伤亡和财产巨大损失，促使各国政府、议会立法或颁布法令，规定工程项目、技术开发项目必须强化安全管理，降低安全风险程度。例如，日本的《劳动安全卫生法》规定，由劳动基准监督署对建设项目实行事先审查和许可证制度；美国政府要求重要工程项目的竣工、投产都必须进行安全评价；英国政府规定，凡未进行安全评价的新建项目不准开工；1982年，欧共体颁布《关于工业活动中重大危险源的指令》，其成员国陆续制定了相应的法律；国际劳工组织（ILO）也先后公布了《重大事故控制指南》（1988年）、《重大工业事故预防实用规程》（1990年）和《工作中安全使用化学品实用规程》（1992年），均对安全评价提出了要求。2002年，欧盟《未来化学品政策战略》白皮书中明确了危险化学品的登记及风险评价，并作为政府的强制性指令。

### 1.1.2 我国安全评价发展概况

20世纪80年代初期，我国引入安全系统工程，受到大中型生产经营单位和行业管理部门的高度重视。通过吸收、消化国外安全检查表和安全分析方法，机械、冶金、化工、航空、航天等行业的有关生产经营单位开始应用安全分析评价方法，如安全检查表（SCL）、事故树分析（FTA）、故障类型及影响分析（FMEA）、事件树分析（ETA）、预先危险分析（PHA）、危险与可操作性研究（HAZOP）、作业条件危险性评价（LEC）等。一些石油、化工等易燃、易爆危险性较大的生产经营单位也开始应用美国陶氏化学公司火灾、爆炸危险指数评价方法进行安全评价。

1986 年，为推动和促进安全评价方法在我国生产经营单位安全生产管理中的实践和应用，劳动人事部分别向有关科研单位下达了制定机械工厂危险程度分级、化工厂危险程度分级、冶金工厂危险程度分级方法等科研项目，力求采用系统安全工程的方法，通过安全评价在我国建立起工业企业安全风险程度的分级管理制度。1987 年，机械电子工业部首先提出了在机械行业内开展机械工厂安全评价，并于 1988 年 1 月 1 日颁布了分级方法标准《机械工厂安全性评价标准》。此外，我国有关部门还颁布了《石化生产经营单位安全性综合评价办法》《电子生产经营单位安全性评价标准》《航空航天工业工厂安全评价规程》《兵器工业机械工厂安全性评价方法和标准》《医药工业生产经营单位安全性评价通则》等规章标准。

1991 年，国家“八五”科技攻关课题中，安全评价方法研究被列为重点攻关项目。由原劳动部劳动保护科学研究所等单位承担完成的“易燃、易爆、有毒重大危险源识别、评价技术研究”，构建了具有我国特色的易燃、易爆、有毒重大危险源识别评价方法，填补了我国跨行业重大危险源评价技术的空白。该研究采用定量的计算方法，建立了事故严重度伤害模型库，使我国工业安全评价方法的研究从定性评价进入了定量评价阶段。相关部门在此基础上，制定了国家标准《重大危险源辨识》（GB 18218）。

20 世纪 90 年代，安全预评价工作在建设项目“三同时”工作向纵深发展的过程中开展起来。国内一些较早实施建设项目“三同时”的省区市，根据劳动部《关于生产性建设工程项目职业安全卫生监察的暂行规定》（劳字〔1988〕48 号），在借鉴国外安全性分析、评价方法的基础上，开始了建设项目安全预评价实践。经过几年的实践，在初步取得经验的基础上，1996 年 10 月劳动部颁发了《建设项目工程劳动安全卫生监察规定》（劳动部第 3 号令）规定六类建设项目必须进行劳动安全卫生预评价。预评价是根据建设项目的可行性研究报告内容，运用科学的评价方法，分析和预测该建设项目存在的职业危险、有害因素的种类和危险、危害程度，提出合理可行的安全技术和管理对策措施，作为该建设项目初步设计中安全技术设计和安全管理、监察的主要依据。与之配套的规章、标准还有《劳动力市场管理规定》(劳动部第10号令)、《社会保险基金监督举报工作管理办法》(劳动部第11号令）和部颁标准《建设项目（工程）劳动安全卫生预评价导则》(LD/T 106)。这些法规和标准对进行预评价的阶段、预评价承担单位的资质、预评价程序、预评价大纲和报告主要内容等方面作了详细的规定，规范和促进了建设项目安全预评价工作的开展。

2001年初，国家安全生产监督管理局（国家煤矿安全监察局）成立，为继续加大安全评价工作的力度，颁发了《关于进一步加强建设项目（工程）劳动安全卫生预评价工作的通知》(安监管办字〔2001〕39号)。2002年，为适应安全生产形势的发展，特别是配合当年开始的安全生产专项整治工作的开展，国家安全生产监督管理局颁发了《〈关于加强安全评价机构管理的意见〉的通知》(安监管技装字〔2002〕45号)。该文件在我国安全评价发展历程中具有重要意义，它起到了承接并延续、发展原国家经贸委开展的建设项目劳动安全卫生预评价工作的作用，确定了安全评价的概念，并使原来单一的预评价扩展为安全预评价、安全验收评价、安全现状评价和专项安全评价等4种类型，覆盖了工程、系统的全部生命周期，适应了安全生产工作的需要。

2002年6月29日，《中华人民共和国安全生产法》颁布，安全评价被写进了国家的法律中。《中华人民共和国安全生产法》的颁布为安全评价的发展提供了强劲的动力。

2003年，根据《中华人民共和国安全生产法》有关规定，为规范安全评价行为，确保安全评价的科学性、公正性和严肃性，国家安全生产监督管理局(国家煤矿安全监察局）发布了《安全评价通则》(安监管技装字〔2003〕37号)、《安全预评价导则》(安监管技装字〔2003〕77号)、《安全验收评价导则》(安监管技装字〔2003〕79号)、《安全现状评价导则》(安监管规划字〔2004〕36号)，安全评价标准体系初步形成。

2007年，随着安全评价工作的深入开展，国家安全生产监督管理总局对2003年发布的《安全评价通则》《安全预评价导则》《安全验收评价导则》进行了修订，发布了《安全评价通则》(AQ/T 8001)、《安全预评价导则》(AQ/T 8002）和《安全验收评价导则》(AQ/T 8003)。这些通则与导则是企业安全评价工作程序化、标准化的依据。

2019年3月，应急管理部发布《安全评价检测检验机构管理办法》（应急管理部令第1号），加强对安全评价机构的管理，规范安全评价行为。

2020年12月，《中华人民共和国刑法修正案（十一）》由第十三届全国人大常委会第二十四次会议通过，以中华人民共和国主席令第六十六号公布，自2021年3月1日起施行。修改了提供虚假证明文件罪，增加了“保荐、安全评价、环境影响评价、环境监测等职责的中介组织的人员”为犯罪主体。修正案第二十五条，将刑法第二百二十九条修改为“承担资产评估、验资、验证、会计、审计、法律服务、保荐、安全评价、环境影响评价、环境监测等职责的中介组织的人员故意提供虚假证明文件，情节严重的，处五年以下有期徒刑或者拘役，并处罚金；在涉及公共安全的重大工程、项目中提供虚假的安全评价、环境影响评价等证明文件，致使公共财产、国家和人民利益遭受特别重大损失的，处五年以上十年以下有期徒刑，并处罚金”。

2021年5月，应急管理部办公厅发布《关于印发〈安全评价机构执业行为专项整治方案〉的通知》（应急厅〔2021〕38号），贯彻落实习近平总书记关于安全生产重要指示精神，坚决整治安全评价机构弄虚作假问题，全面净化安全评价市场，进一步规范安全评价工作。

### 1.1.3 我国煤层气地面开采安全评价的发展历程

为严格规范安全生产条件、进一步加强安全生产监督管理，防止和减少生产安全事故，根据《中华人民共和国安全生产法》的有关规定，国务院于2024年颁布了《安全生产许可证条例》。《安全生产许可证条例》第二条明确规定，国家对矿山企业、建筑施工企业和危险化学品、烟花爆竹、民用爆炸物品生产企业（以下统称企业）实行安全生产许可制度。企业未取得安全生产许可证的，不得从事生产活动。第六条规定，企业取得安全生产许可证，应具备的安全生产条件之一为依法进行安全评价。《安全生产许可证条例》的颁布，更进一步确立了煤层气地面开采企业进行安全评价的法律地位，同时也明确了煤层气地面开采企业进行安全评价的必要性。

2010年以前，我国煤层气地面开采企业按照《非煤矿矿山企业安全生产许可证实施办法》，申办非煤矿矿山企业安全生产许可证，由具有陆上石油天然气开采安全评价资质的中介机构参照天然气开采的有关安全生产法律法规和标准规范开展安全评价。煤层气地面开采建设项目安全评价主要依据是国家安全生产监督管理局于 2003 年 8 月 8 日发布的《陆上石油和天然气开采业安全评价导则》(安监管技装字〔2003〕115 号)。2007 年,《安全评价通则》《安全预评价导则》(AQ 8002—2007)、《安全验收评价导则》发布后,国家能源局相继发布了《石油行业建设项目安全验收评价报告编写规则》(SY/T 6710—2008) 和《石油天然气工程项目安全现状评价报告编写规则》(SY/T 6778—2010),进一步规范了陆上石油和天然气开采业安全评价机构的安全评价行为,同时也为煤层气地面开采企业开展安全评价工作提供了依据。

2010 年 2 月,国家安全生产监督管理总局办公厅发布《关于明确煤层气抽采企业安全监管监察职能的通知》(安监总厅〔2010〕22 号),自 2010 年 2 月起,煤层气抽采企业按煤矿企业实施安全监管监察,煤层气抽采企业依法申请领取煤矿企业安全生产许可证,不再申请领取非煤矿矿山企业安全生产许可证。针对山西省煤层气资源丰富,从事煤层气地面开采企业较多的现状,2013 年 11 月,国家煤矿安全监察局办公室印发了《关于山西煤层气地面开采安全准入有关问题的函》(煤安监司函办〔2013〕19 号),同意山西煤矿安全监察局开展煤层气企业安全许可及建设项目“三同时”试点工作。山西煤矿安全监察局相继出台了《煤层气地面开采企业安全生产许可证实施办法》《煤层气地面开采企业安全现状评价导则》《煤层气地面开采建设项目安全验收评价导则》等规章规定,规范了山西省内煤层气地面开采企业安全评价工作,其他省(区) 的煤层气地面开采企业安全评价工作仍参考石油天然气行业开展。

2022 年 5 月,国家矿山安全监察局发布了《关于印发〈矿山安全评价检测检验监督管理办法(试行)〉的通知》(矿安〔2022〕81 号),加强和规范对矿山安全领域安全评价服务活动的监督管理工作,进一步推动矿山安全高质量发展。

## 1.2 《细则》制定的背景

根据《中华人民共和国安全生产法》有关“矿山、金属冶炼建设项目和用于生产、储存、装卸危险物品的建设项目,应当按照国家有关规定进行安全评价”和《安全生产许可证条例》(国务院令第 397 号) 有关企业领取安全生产许可证时应当“依法进行安全评价”的规定，煤层气地面开采企业属于矿山企业，也应当按照国家有关规定进行安全评价。目前煤层气地面开采安全评价主要参考石油天然气行业的评价标准，但煤层气地面开采与石油天然气开采还存在不同，亟待出台适应本行业的安全验收评价标准体系，规范煤层气地面开采建设项目安全专项验收工作。

安全验收评价是煤层气地面开采建设项目建成、正式验收投产前必要的技术准备。近年来，各地煤层气地面开采企业根据《中华人民共和国安全生产法》《安全生产许可证条例》《煤层气地面开发建设项目安全设施设计审查和竣工验收规范》（AQ 1115—2018）、《安全评价通则》等规定，参照石油天然气行业安全验收评价标准，广泛开展了安全验收评价工作，但同时也存在诸多亟待解决的相关规范的问题，主要表现在：对安全验收评价出发点与着眼点认识不统一；评价工作不具体、不深入，没有针对性；评价报告照抄照搬、生搬硬套、表里不一或千篇一律，部分安全验收评价工作流于形式。此外，天然气开采过程和煤层气开采过程有很大不同，应用的开采技术和开采使用的机械设备都有明显差异，所以依靠天然气的安全评价标准开展煤层气安全评价存在一定缺陷，需要从煤层气地面开采建设项目安全验收评价的客观需求出发，结合煤层气地面开采建设项目的特点和煤层气企业安全生产的客观实际，制定具有针对性、指导作用的标准，以具体指导、规范煤层气地面开采建设项目安全验收评价工作。因此，制定《煤层气地面开采建设项目安全验收评价实施细则》十分必要。

## 1.3 《细则》的主要特点

《细则》执行《安全评价通则》《安全验收评价导则》的通用性要求，紧密结合煤层气企业建设、生产特点，适应煤层气地面开采建设项目安全验收评价的客观需求。其主要特点体现在五个方面。

**1. 更加突出安全验收评价的指导和规范作用**

《细则》规定了煤层气地面开采建设项目安全验收评价工作的程序、内容、方法、评价报告编制大纲等基本要求，适用于新建、改建、扩建煤层气地面开采建设项目的安全验收评价工作，《细则》紧密结合煤层气企业的特点，具有针对性，可更好地指导和规范煤层气地面开采建设项目安全验收评价工作。

**2. 更加突出安全验收评价工作的系统性、全面性**

《细则》完善了评价单元的划分，在山西省《煤层气地面开采安全验收评价导则》的基础上，根据煤层气地面开采行业的特点，把煤层气地面开采建设项目安全验收评价单元进一步细分为周边环境及总平面布置、煤层气井系统、排采系统、集输系统及储罐、处理系统、公用工程及辅助生产设施、安全管理等7个评价单元。同时还详细规定了各单元评价的主要内容和重点，便于煤层气地面开采建设项目单位、安全评价机构更好地开展安全验收评价工作。

**3. 更加突出安全验收评价的实质和核心问题**

对于煤层气地面开采建设项目，安全验收时各系统单元为已建成的设施和工艺环节。因此，根据建设项目安全设施必须和主体工程“三同时”的要求，各单元验收评价重点是与安全设施设计以及法律法规的符合性密切相关。对不符合项，提出整改对策措施建议，确保所提出的整改对策措施建议能有效保证项目正式验收和投产后的安全生产。

**4. 更加突出安全验收评价方法的科学性**

《细则》详细制定了安全检查表评价方法，确定了评价方法选择的基本原则，同时根据煤层气地面开采安全验收评价的特点，推荐采用安全检查表法、调查分析法、重大危险源辨识法、类比分析法等评价方法开展定性、定量评价。重点根据各评价单元细化了安全检查表评价内容，逐条完善了检查依据。

**5. 更加突出开展安全验收评价的目的**

开展安全验收评价的意义在于保障煤层气企业安全生产。《细则》考虑各煤层气地面开采建设企业技术水平和管理配备的不同，为保证煤层气地面开采建设项目安全验收评价工作质量，规定了实施评价主体，主体可以由企业自身或委托有资质的安全评价机构承担。

## 1.4 《细则》的主要内容

《细则》主要由前言、范围、规范性引用文件、术语和定义、工作程序与工作内容、安全验收评价报告等6个章节和附录组成。

前言：阐述了实施细则的起草规则、提出单位、归口部门、起草单位、主要起草人员等。

范围：规定了煤层气地面开采建设项目安全验收评价工作的基本要求，以及标准的适用范围。

规范性引用文件：列出了《危险化学品重大危险源辨识》《石油天然气工程设计防火规范》《煤层气集输安全规程》《安全验收评价导则》等对本文件应用必不可少的规范性引用文件。

术语和定义：给出了煤层气地面开采和煤层气地面开采建设项目安全验收评价的定义。

工作程序与工作内容：从前期准备，现场勘查，危险、有害因素辨识与分析，划分评价单元，选择评价方法，定性、定量评价，安全对策措施建议和评价结论等8个方面规定了煤层气地面开采安全验收评价工作的程序和内容。

安全验收评价报告编制：规定了煤层气地面开采建设项目安全验收评价报告编制的基本要求、主要内容、评价报告格式和载体等。

附录：包括煤层气地面开采建设项目安全验收评价程序框图、参考资料目录、安全检查表、评价报告主要内容、评价报告书封面格式和著录项格式等6个方面内容。

## 1.5 《细则》出台的目的、意义

安全验收评价是运用系统安全工程原理和方法，在项目建成试生产正常运行后，在正式投产前进行的一种检查性安全评价。它是对系统存在的危险和有害因素进行定性和定量检查，判断系统在安全上的符合性和配套安全设施的有效性，从而作出评价结论并提出补救或补偿的安全对策措施，以促进项目实现系统安全。其目的是验证系统安全，为安全验收提供依据。

### 1.5.1 目的

开展安全验收评价一方面是为安全验收进行的技术准备，最终形成的《安全验收评价报告》将作为企业向政府安全监督管理机构申请建设项目安全验收审批（备案）的依据；另一方面开展建设项目安全验收评价可以检查项目安全生产保障情况，从源头上确保建设项目的安全生产。利用《细则》开展安全验收评价，目的主要有以下两个方面：

**1. 煤层气地面开采建设项目安全验收评价是建设项目“三同时”的验证**

通过安全验收评价，比照国家有关技术标准和规范，对建设项目设备、设施及系统进行符合性评价，提高安全达标水平，实现投入生产和使用的“三同时”。安全验收评价主要检查建设项目安全设施与主体工程同时设计、同时施工、同时投入生产和使用情况，安全生产管理措施到位情况，安全生产规章制度健全情况，事故应急救援预案建立情况，项目建设是否满足安全生产法律、法规、规章、标准、规范的要求，从整体上确定其运行状况和安全管理情况，进而得出安全验收评价结论。

**2. 借助安全验收评价推进煤层气地面开采建设项目生产安全管理**

安全评价机构在对企业进行安全验收评价时，往往会通过对系统存在的危险有害因素进行定性定量的检查，从而判断系统在安全上的符合性和配套安全设施的有效性，以此为依据作出评价结论，并提出补救或补偿措施以保证系统安全。企业要依据评价报告提出的补救和补偿措施抓好问题整改，提升安全管理水平。

### 1.5.2　意义

开展建设项目安全验收评价更重要的意义，在于保障煤层气地面开采建设项目安全生产，提升本质安全程度。建设项目正式投产前，建设单位需要进行安全验收，对设计阶段设计的安全设施和安全技术措施落实情况，以及安全管理必备的要素逐一核对检查，查缺补漏，保障安全生产。建设单位编制安全验收报告，不仅仅是为了申请建设项目安全验收审批，更重要的是为了提升建设项目的安全生产条件；如果企业有这方面的技术能力，只要不涉及行政审批的安全验收评价报告便不需要第三方编制，完全可以由建设单位自行编制。

《细则》规定煤层气地面开采建设项目安全验收评价工作由企业自身或委托有安全评价资质的安全评价机构承担。煤层气企业要认真学习《细则》，实打实地落实好规定动作，从生产安全的源头抓安全生产。

首先，要做好充分准备，提升员工安全能力。在安全验收评价过程中要认真组织、充分准备，让每一名员工都参与其中，尤其是安全管理人员更要全程参与，充分利用安全验收评价的时机学习危险有害因素识别的技巧、危险有害因素的定性定量检查的方法、提出对策措施的思路，有效提升企业员工的业务技能和安全素养。

其次，要落实规定动作，夯实企业安全基础。政府安全监督管理机构认可安全验收评价结论的立足点就是安全验收评价的公正性、客观性和科学性，为了最大限度地发挥安全验收评价的效能，企业不但要结合自身实际严格落实评价机构提出的补救或补偿型安全措施，还要在生产管理过程中建立定期安全检查机制，按照安全检查表，逐条逐项对照检查，对发现的问题逐一拉条挂账，明确问题整改时限和责任人，以记账销账的形式抓好问题归零，确保生产安全过程中安全设施可靠、安全措施到位、安全规章健全、应急救援及时。

再次，要营造安全氛围，拓宽安管思路方法。要认识到安全验收评价不仅是企业取得政府验收审批的途径，更要认识到其在识别危险有害因素、查找事故隐患和事故危险性过程中的积极作用，将之融入企业生产管理之中，使其成为企业安全管理工作的一部分，鼓励员工通过参与安全验收评价全过程，系统梳理各岗位在生产过程中存在哪些危险有害因素、可能会发生哪些安全事故、会受到什么样的伤害，从而发现并改正自己的不安全行为，促进物的不安全状态的转变，进一步激发员工对更加安全作业环境的强烈欲望，群策群力确保安全生产。

# 2 条 款 解 读

## 2.1 范围

【原文】本文件规定了煤层气地面开采建设项目安全验收评价工作的程序、内容、方法、评价报告编制等的基本要求。

本文件适用于新建、改建、扩建煤层气地面开采建设项目的安全验收评价工作。

【解读】本条款明确规定了《细则》的适用范围，适用于新建、改建、扩建煤层气地面开采建设项目的安全验收评价工作。

《细则》规定的煤层气地面开采建设项目是指有立项批准文件，并取得煤层气采矿许可证的煤层气地面开采建设项目，以及煤矿企业为了治理瓦斯在采矿许可证范围内从事煤层气地面开采的建设项目。

## 2.2 规范性引用文件

【原文】下列文件中的内容通过文中的规范性引用而构成本文件必不可少的条款。其中：注日期的引用文件，仅该日期对应的版本适用于本文件；不注日期的引用文件，其最新版本（包括所有的修改单）适用于本文件。

GB 18218 危险化学品重大危险源辨识

GB 50058 爆炸危险环境电力装置设计规范

GB 50183 石油天然气工程设计防火规范

AQ 1082 煤层气集输安全规程

AQ/T 8003 安全验收评价导则

SY/T 0447 埋地钢质管道环氧煤沥青防腐层技术标准

SY/T 4208 石油天然气建设工程施工质量验收规范长输管道线路工程

**【解读】** 术语和定义在标准文件中具有基础性地位，所列标准中的术语和定义同样适用于《细则》，在《细则》执行中可以直接采用，具有和《细则》中术语和定义同样的地位和效力。

## 2.3 术语和定义

**【原文】** 煤层气地面开采建设项目安全验收评价 safety assessment upon completion of the coalbed methane surface exploitation construction project

煤层气地面开采建设项目联合试运转正常后正式投产前，通过检查建设项目安全设施和安全管理体系运行落实情况，辨识分析建设项目的危险有害因素，评价其符合性和危险危害程度，提出科学、合理、可行的安全对策措施建议，最后从整体上对建设项目的安全运行状况和安全管理情况，作出安全验收评价结论的活动。

**【解读】** 此条款给出了煤层气地面开采建设项目安全验收评价的定义。《安全评价通则》第3.3条规定，安全验收评价是指在建设项目竣工后正式生产运行前或工业园区建设完成后，通过检查建设项目安全设施与主体工程同时设计、同时施工、同时投入生产和使用的情况或工业园区内的安全设施、设备、装置投入生产和使用的情况，检查安全生产管理措施到位情况，检查安全生产规章制度健全情况，检查事故应急救援预案建立情况，审查确定建设项目、工业园区建设满足安全生产法律法规、规章、标准、规范要求的符合性，从整体上确定建设项目、工业园区的运行状况和安全管理情况，作出安全验收评价结论的活动。《细则》根据安全验收评价的定义，紧密结合煤层气地面开采建设项目的特点，提出了煤层气地面开采建设项目安全验收评价的定义，更加突出对安全管理体系运行落实情况的检查，更加突出开展安全验收评价的目的，即提出科学、合理、可行的安全对策措施建议。

## 2.4 工作程序与工作内容

### 2.4.1 前期准备

**【原文】** 4.1.1 按照 AQ/T 8003，结合煤层气地面开采的实际情况，制定煤层气地面开采建设项目安全验收评价工作方案。明确建设项目安全验收评价对象、范围和内容，组建评价项目工作组，确定安全验收评价程序（按照附录A），制定工作进度计划，明确评价报告编制提纲和编写内容要求。

**【解读】** 此条款明确了安全验收评价工作开展前应制定评价工作方案，以减少在评价工作中的失误，更加明确评价的目标。工作方案主要内容可包括明确评价对象、范围和内容，工作程序确定、工作进度安排、评价报告编制提纲、收集资料清单。

（1）安全验收评价工作程序参考《细则》附录 A。

（2）安全验收评价工作进度计划主要内容包括现场勘查时间、现场复查时间、各专业人员完成报告时间、统稿人校对时间、项目组长审核报告时间、技术负责人审核、过程控制负责人审核及报告正式出版等。

（3）报告编制提纲参考《细则》附录 D。

（4）收集资料清单参考《细则》附录 B。

安全验收评价范围包括评价所涉及的领域（内容和时效）及评价对象所处的地理界限，应至少准确描述以下界面：

（1）新建项目与上、下游衔接的工程界面，工程界面的描述必须明确、具体、翔实，应具体到点位，如管道桩号、设备、阀门等。

（2）若为分期验收项目，说明工程分期的界面，工程界面的描述必须明确、具体、翔实，应具体到点位，如管道桩号、设备、阀门等。

（3）若为改（扩）建项目，需说明与在役项目的工程界面和评价界面，工程界面的描述必须明确、具体、翔实，应具体到点位，如管道桩号、设备、阀门等。

（4）除具体的项目建设内容外，还应明确安全评价需涵盖的其他内容，比如安全管理、应急管理等。

（5）明确不在评价范围内的工程内容。

**【原文】** 4.1.2 组成评价项目工作组的安全验收评价工程技术人员应覆盖煤层气地面开采所涉及的地质、钻井完井（石油工程）、排采、储运、供电、总图、安全等专业，且应具有中级以上专业技术职称或者相当于中级职称的职业资格证书。煤层气地面开采建设项目安全验收评价工作由企业自身或委托有安全评价资质且业务范围涵盖煤炭开采或石油天然气开采的安全评价机构承担。

**【解读】** 此条款明确了前期准备阶段评价组的要求，明确了煤层气地面开采建设项目安全验收评价编制人员、编制单位要求。

（1）《细则》明确规定了煤层气地面开采建设项目安全验收评价工作由企业自身或委托有安全评价资质的安全评价机构承担。安全验收评价可由企业自身开展，主要是为了突出安全验收评价推动企业安全管理水平提升的目的。企业在联合试运转正常后正式投产前，可以通过安全验收评价判断系统在安全上的符合性和配套安全设施的有效性，依据评价报告提出的补救和补偿措施抓好问题整改，提升安全管理水平。煤层气地面开采企业不具备自主开展安全验收评价条件的，可以委托有安全评价资质的安全评价机构承担。

（2）按照《中华人民共和国安全生产法》第三十二条、《安全评价检测检验机构管理办法》（2019 年应急管理部令第 1 号）第二条规定，矿山建设项目应当按照国家有关规定进行安全评价，用于办理行政审批的安全评价中介服务事项，仍需按照国家有关规定对安全评价机构实施资质管理。煤层气地面开采企业申请办理行政许可证，如首次申请安全生产许可证，仍需按照《安全生产许可证条例》要求，依法进行安全评价，由具备安全评价资质的安全评价机构提交安全验收评价报告。

（3）为了更好地规范煤层气地面开采企业自身开展安全验收评价，《细则》要求安全验收评价人员应包括煤层气地面开采所涉及的地质、钻井完井（石油工程）、排采、储运、供电、总图、安全等专业，且应具有中级以上专业技术职称或者相当于中级职称的职业资格证书。当煤层气企业委托有资质的安全评价机构开展安全验收评价时，评价人员仍需满足《安全评价检测检验机构管理办法》的要求，即安全评价项目组组长应当具有与业务相关的二级以上安全评价师资格，并在本行业领域工作3年以上；项目组其他组成人员应当符合安全评价项目专职安全评价师专业能力配备标准。

（4）《细则》对承担煤层气地面开采安全验收评价的安全评价机构提出资质要求，由涵盖煤炭开采或石油天然气开采的安全评价机构承担。煤炭开采业安全评价资质，安全、机械、电气、采矿、通风、矿建、地质各1名及以上；陆地石油和天然气开采业安全评价资质，安全、机械、电气、采油、储运各1名及以上。

**【原文】** 4.1.3 收集国内与煤层气地面开采相关的法律法规、标准、规章、规范等。

**【解读】** 此条款明确了前期准备阶段需要收集与煤层气地面开采安全验收评价工作相关的法律法规、标准、规章、规范及有关规定。法律法规、标准、规章、规范及有关规定是评价煤层气地面开采建设项目是否具备安全验收条件的主要依据。

（1）在收集整理时，需按法律效力由高至低的次序列举，列出的标准、规范，应全面覆盖项目评价所涉及的各专业、各方面内容，不应缺失、遗漏，且均应与项目评价有关，不应罗列不适用的、无关的条目。所列法律、法规、各项文件必须为现行有效版本。

（2）根据《矿山安全评价检测检验监督管理办法（试行）》（矿安〔2022〕81号），存在主要法规、标准引用错误，且影响评价结论的，属于失实报告。因此，评价人员在收集各类法律法规、标准、规章、规范及有关规定时，要充分考虑引用法律法规、标准、规章、规范及有关规定的时效性，引用标准不得有误。

（3）除国家相关法律、法规、标准规范外，还要充分结合被评价项目的地域特点，收集地方性法规、规章及规范性文件，包括安全生产条例、消防条例等安全生产、应急管理相关地方性法规、规章及规范性文件，以及地方政府关于煤层气地面开采的地方标准、技术文件等。

（4）收集法律法规、标准、规章、规范的具体要求：

①收集评价依据的现行国家法律、行政法规，应标明发布机构、政令号和

施行日期。

②收集评价依据的部门规章、地方性法规，以及政府有关部门发布的通知、函件、意见、公告、细则等规范性文件，均须标明发布机构、令号和施行日期。

③收集、整理项目所涉及地方政府部门颁布的法规、规范性文件等，既包括针对所有建设项目制定的普遍适用文件，如××省安全生产条例、建设项目安全监管实施办法/细则等，也包括针对具体项目类型制定的指向性文件，如××省（市）管道保护条例/办法/规定等。

④收集评价依据的国家标准、行业标准、特种设备安全技术规范，应标明标准、规范的代号和年号。其他参考的标准包括选用的国外先进标准和适用的国内团体标准、企业标准等，应标明版本号或标准代号。所列标准和规范必须为国家现行有效版本，名称及其代号、年号均应准确无误。

**【原文】** 4.1.4 根据煤层气地面开采建设项目的实际情况，收集、分析相关基础资料。安全验收评价应收集的参考资料目录参见附录 B。

**【解读】** 此条款明确了安全验收评价应收集并检查的基础资料。

（1）安全验收评价的主要资料包括建设项目前期审批类资料、施工过程记录性资料、安全管理资料等。《细则》附录 B 中明确了各部分所需检查和收集的资料，更有利于煤层气企业自身全面的、系统的安全检查。

（2）现场检查和收集资料应由相关专业的评价人员进行，按法律法规、规程规范要求核实资料的完整性、真实性和有效性。对于不符合要求的，煤层气企业应及时补充、完善。根据《矿山安全评价检测检验监督管理办法（试行）》，评价单位不得对企业提供的资料及第三方出具的技术服务报告或者结论进行伪造、篡改，否则评价报告将被认定为虚假报告。

### 2.4.2 现场勘查，记录勘查结果

**【原文】** 评价人员应当对建设项目现场进行勘查。调查建设项目周边自然环境和地理环境特点，明确周边居民、企事业单位、重要建（构）筑物和特殊环境敏感目标等分布情况，明确邻近的铁路、公路、高压输电线路和其他管道等分布情况；检查建设项目及安全设施的建设施工情况、联合试运转运行状况

和安全管理情况。记录反映建设项目主要特征的背景图像及其他可追溯资料和现场勘查资料。

**【解读】** 此条款解释了现场勘查的重点内容。

(1) 现场勘查应覆盖建设项目的主要工程量、主要安全风险点，站场/阀室应做到全覆盖，井场及集输管线可采用抽查的方式开展勘查，对于高后果区等高风险场所应做到全覆盖。

(2) 现场勘查主要是对安全设施、安全措施的运行情况进行检查，检查安全设施、安全措施的完整性、有效性、可靠性。重点包括：调查建设项目周边自然环境和地理环境特点，明确周边居民、企事业单位、重要建（构）筑物和特殊环境敏感目标等分布情况，明确邻近的铁路、公路、高压输电线路和其他管道等分布情况；检查建设项目及安全设施的建设施工情况、联合试运转运行状况和安全管理情况等。

(3) 项目组应当如实记录过程控制、现场勘验和检测检验的情况，对于现场发现的问题及隐患应留下影像证明。煤层气企业对项目组提出的问题及隐患整改完成后应进行现场复查，确定整改情况。

(4) 委托安全评价机构开展煤层气地面开采建设项目安全验收评价应符合国家矿山安全监察局《关于印发〈矿山安全评价检测检验监督管理办法（试行）〉的通知》第 15 条要求，即矿山安全评价机构开展服务时，应当如实记录过程控制、现场勘验情况，并与现场图像影像等证明资料一并及时归档，形成完整可追溯的评价过程档案；查看委托方提供的相关资料原件，并将原件形成图像影像资料及时归档。安全评价项目组组长应当到现场勘验，全过程组织并参与安全评价报告编制。专职技术负责人和过程控制负责人应当按照法规、标准的规定，加强对安全评价服务活动的技术管理和过程管理。

(5) 根据《矿山安全评价检测检验监督管理办法（试行）》，未经安全评价，或者安全评价项目组组长及负责勘验人员不到现场实际地点开展勘验等有关工作的，属于虚假报告。

(6)《解读》第 2.4.6 定性、定量评价内容，详细解读了每个评价单元现场检查、调查的重点内容，更加准确地回答了安全评价人员现场检查什么、怎么检查、得出什么结论的问题。

### 2.4.3 危险、有害因素辨识与分析

【原文】4.3.1 根据煤层气地面开采工艺流程、建设项目自然环境和周边社会环境特点，结合项目地质报告、安全设施设计及其批复，项目建设和联合试运转期间的有关安全资料，现场勘查情况，辨识和分析建设项目投产后可能存在的各种危险、有害因素。

【解读】

**1. 危险、有害因素辨识方法**

危险、有害因素辨识与分析的内容，应紧密围绕煤层气企业的生产情况、环境特点和现场踏勘情况展开，严禁盲目拷贝与项目无关的分析内容。

危险、有害因素辨识可采用直观经验分析法、系统安全分析法等方法。

（1）直观经验分析方法包括：①对照、经验法，对照有关标准、法规、检查表或依分析人员的观察分析能力，借助于经验和判断能力直观对评价对象的危险、有害因素进行分析；②类比方法，利用相同或相似工程系统或作业条件的经验和劳动安全卫生的统计资料来类推、分析评价对象的危险、有害因素。

（2）系统安全分析方法。应用某些系统安全工程评价方法进行危险、有害因素辨识。系统安全分析方法常用于复杂、没有事故经历的新开发系统。常用的系统安全分析方法有工作危害分析法（JHA）、安全检查表法（SCL）、事件树、事故树等。对作业活动危险源辨识宜采用工作危害分析法（JHA），即对每个作业步骤或作业内容，识别出与此步骤或内容有关的危险源。对设备设施危险源辨识宜采用安全检查表法（SCL）进行危险源辨识，确保危险源辨识的充分性。

**2. 危险、有害因素分析**

安全验收评价的危险有害因素分析主要是对安全预评价、安全设施设计中已经辨识出的危险有害因素进行核查，已经辨识的危险有害因素的危害程度是否发生变化，已有安全设施及安全措施是否与危险有害因素匹配；对设计变更部分开展辨识评估，是否出现新的风险，已有安全设施或措施是否能防范新增安全风险。

1）危险物料辨识与分析

（1）阐述煤层气生产、处理、储运过程中涉及的危险有害物质名称、数量。

（2）阐述煤层气、凝析油、轻烃、采出水、硫化氢、化学药剂、放射性物品、民用爆炸物品、废液、废渣等危险有害物质物理性质、化学性质、危险性和危险类别及数据来源。

（3）依据《危险化学品目录》对项目涉及的物料进行危险化学品识别。

（4）依据《生产过程危险和有害因素分类与代码》（GB/T 13861）等，结合开采介质及项目涉及的其他物料的理化性质、存在状态等，对各物质分别进行危险、有害因素辨识。

2）生产工艺及设备设施危险有害因素分析

（1）辨识建设项目涉及的钻井、采油（气）、油气集输、采出水处理、井下作业等生产、作业过程危险有害因素及其分布情况，阐述辨识与分析的过程。

（2）辨识排采系统、集输系统、储罐系统、处理系统等的设备设施危险有害因素及其分布情况，阐述辨识与分析的过程。井场、站场等应从平面布置、工艺、设备等方面分析。集输管道应从管道本体、管道敷设、采矿区、河流穿（跨）越、与架空输电线路并行交叉、与铁路并行交叉、与公路并行交叉、标识与伴行路、截断阀室等方面分析。

（3）辨识公用工程、辅助生产设施及其分布情况，阐述辨识与分析的过程。公用工程的分析一般包括以下内容：自控、通信、供配电、防腐、保温、采暖、通风、建（构）筑物等。对公用工程危险、有害因素的分析应从两个角度切入：①公用工程与主体工程的匹配性，能否满足煤层气开采系统正常运行的需求；②公用工程设备本身固有的危险、有害因素。

3）自然和社会危险因素分析

分析工程所在地气象灾害、地质灾害、地震及第三方破坏等对工程建设和生产运行的影响。

（1）自然环境。自然环境应考虑气象因素、地质灾害、地震等方面。

气象因素：针对项目沿线的实际环境情况，对可能存在的大规模雨雪、洪水、雷电、强日照辐射、高低温、沙尘暴、风蚀沙埋、台风、龙卷风、风暴潮、海风污秽以及其他不利环境条件对项目的影响进行分析。

地质灾害：针对项目沿线潜在的滑坡、崩塌、泥石流、采空区、地面沉降、岩溶塌陷、地裂缝、黄土湿陷、软土、盐渍土以及其他地质灾害的分布情况，对各类地质灾害可能对项目产生的危害情况进行分析。分析内容应依据项目的地质灾害专项评估报告、地勘报告、防洪评价报告等资料展开。

地震：针对项目沿线的实际环境情况，对地震动参数、活动断裂带、砂土液化、软土震陷等可能对项目产生震害的风险进行分析。分析内容应依据项目的地震安全性评价报告、地勘报告等资料展开。

（2）社会环境。分析沿线社会条件对项目的不利影响和潜在危害，一般从以下 3 个方面进行危险、有害因素辨识：

①无意破坏：根据沿线行政区域的经济发展态势、经济建设活动特征、矿产分布等特点，分析可能对项目产生的不利影响。

②有意破坏：根据沿线的民俗民风、民族宗教特点等，对人为破坏、恐怖袭击等可能性进行分析。

③违章占压：对管道上方形成违章占压的可能性及相互危害进行分析。

**【原文】** 4.3.2 分析主要危险源的危险、有害因素，分析生产过程中的危险、有害因素存在的部位、方式、作用途径和变化趋势，可能导致灾害事故的类型等。

**【解读】**

（1）对危险、有害因素进行分类的目的在于“安全评价”时便于进行危险、有害因素的分析与辨识。安全评价中采用参照事故类别《企业职工伤亡事故分类》（GB 6441）的方法进行分类，将可能导致灾害事故的类型分为 20 类，包括物体打击、车辆伤害、机械伤害、起重伤害、触电、淹溺、灼烫、火灾、高处坠落、坍塌、冒顶片帮、透水、爆破、火药爆炸、瓦斯爆炸、锅炉爆炸、容器爆炸、其他爆炸、中毒和窒息、其他伤害。

（2）危险、有害因素分类也可按导致事故的直接原因进行分类，即根据《生产过程危险和有害因素分类与代码》（GB/T 13861）的规定，将生产过程中的危险、有害因素分为四大类（人的因素、物的因素、环境因素、管理因素）23 小类。

（3）汇总项目主要危险、有害因素的分布情况，可参照表 2-1。

表 2-1 主要危险、有害因素分布

| 分布场所/作业环节 | | 主要危险、有害因素 |
|---|---|---|
| 作业环节 | 钻井 | |
| | 采油（气） | |
| | 油气集输 | |
| | 采出水处理 | |
| | 井下作业 | |
| | …… | |
| 生产工艺及设备设施 | 排采系统 | |
| | 集输系统 | |
| | 储罐系统 | |
| | 处理系统 | |
| | …… | |
| 公用工程及辅助生产设施 | 自控 | |
| | 通信 | |
| | 供配电 | |
| | 防腐 | |
| | 保温 | |
| | 采暖 | |
| | 通风 | |
| | 给排水及消防 | |
| | 建（构）筑物 | |
| | …… | |

**【原文】** 4.3.3 按 GB 18218 等国家标准对评价项目涉及的重大危险源进行辨识分析，明确是否存在重大危险源。对重大危险源要进行评价、划分危险等级。

**【解读】**

（1）建设项目中涉及危险化学品的加工工艺及储存活动的，要按照《危险化学品重大危险源辨识》等要求，对危险化学品的生产设施及储存设施进行重大危险源辨识。对辨识出的重大危险源要按《危险化学品重大危险源辨识》等要求进行分级，评价危险化学品重大危险源监控措施的落实情况。

（2）结合煤层气地面开采项目的特点，重点对站场生产场所进行重大危险源辨识。

（3）辨识出的重大危险源，要到相关政府主管部门进行重大危险源备案。

**【原文】** 4.3.4 根据危险、有害因素辨识分析结果，确定危险、有害因素的危险度排序，与对应的安全设施进行匹配分析。

**【解读】**

（1）根据已辨识的危险有害因素，运用合适的安全评价方法，定量分析、预测各安全评价单元事故发生的可能性，估算事故造成的毁伤后果，计算危险度并对其进行排序。

（2）重点分析已辨识出的危险有害因素与安全设施的匹配性，检查已采取的安全设施是否能够满足危险有害因素管控的需求；尤其是对于因设计变更而新产生的风险，是否有充足的管控措施。

（3）根据《矿山安全评价检测检验监督管理办法（试行）》，主要危险有害因素辨识与分析漏项的，属于失实报告。因此，评价人员一定要注意危险有害因素辨识与分析的全面性，应结合煤层气地面开采建设项目实际列出全部危险有害因素，不得隐瞒。

### 2.4.4 划分评价单元

**【原文】** 4.4.1 根据煤层气地面开采工艺特点、存在的危险有害因素特征和安全验收评价的需要，按照评价单元相对独立、特征界限明显、覆盖所有评价范围的原则进行评价单元划分。

**【解读】** 此条款明确了划分评价单元的原则。

（1）评价单元划分根据煤层气地面开采工艺特点、存在的危险有害因素特征和安全验收评价的需要，按照评价单元相对独立、特征界限明显、覆盖所有评价范围的原则进行评价单元划分。

（2）划分的各评价单元应覆盖所有评价范围，不能有遗漏。

**【原文】** 4.4.2 煤层气地面开采建设项目安全验收评价一般划分为周边环境及总平面布置、煤层气井系统、排采系统、集输系统、储罐系统、处理系统、公用工程及辅助生产设施、安全管理等评价单元。评价单元划分可根据评价项目实际情况进行调整。

**【解读】**此条款规范了煤层气地面开采建设项目安全验收评价的单元划分。

（1）一般划分为周边环境及总平面布置、煤层气井系统、排采系统、集输系统、储罐系统、处理系统、公用工程及辅助生产设施、安全管理等评价单元。具体的评价单元划分应与建设项目相结合，并结合安全验收评价的需要。涉及缺项的，应在评价报告中说明，不能无故缺项漏项。

（2）根据安全评价的需要，在已划分评价单元的基础上，可以进一步细分评价子单元，比如公用工程及辅助生产设施单元可进一步划分为供配电、给排水等子单元。

### 2.4.5 选择评价方法

**【原文】**4.5.1 根据评价的目的、要求和评价对象的特点，以便于开展针对性的安全验收评价为基本原则，选择科学、合理、适用的评价方法。选用的评价方法应定性、定量相结合。

**【解读】**本条款规定了安全评价方法选择的基本原则。在进行煤层气地面开采建设项目安全验收评价时，应该在全面熟悉掌握被评价煤层气企业的实际情况和特点前提下，选择合适的评价方法。选择安全评价方法应遵循科学性、合理性、适用性、针对性原则。

（1）科学性原则。安全评价方法与被评价系统所能提供的安全评价初值和边值条件应形成一个和谐的整体。也就是说，安全评价方法获得可信的安全评价结果，是必须建立在科学、合理的基础数据上。被评价系统应该能够提供所需科学、合理的数据。

（2）合理性原则。应该选择计算过程最简单、所需基础数据最少和最容易获取的安全评价方法（如安全检查表法），使安全评价工作量和要获得的评价结果均是合理的。

（3）适应性原则。选择的安全评价方法应该适应被评价的系统。煤层气地面开采建设项目是由多个子系统构成的复杂系统，评价重点可能有所不同，各种安全评价方法都有其适应的条件和范围，应该根据系统和子系统、工艺的性质和状态，选择合适的安全评价方法。

（4）针对性原则。所选择的安全评价方法应该能够得出所需的结果。根据评价目的的不同，需要安全评价提供的结果也有所不同，如可能是危险、有害因素识别，事故发生的原因，事故发生的概率等，也可能是事故造成的后果、系统的危险性等，安全评价方法能够给出所要求的结果时才能被选用。

**【原文】** 4.5.2 煤层气地面开采安全验收评价宜采用安全检查表法、调查分析法、重大危险源辨识法、类比分析法、事故后果模拟法等评价方法，也可选用风险矩阵法、事故树分析法及其他的定性、定量评价方法。

**【解读】** 本条款解决了评价中对定量评价的模糊要求以及对定性定量评价针对性不强的问题。

《细则》根据评价方法选择的原则，推荐采用安全检查表法，以定性为主作为主要评价方法。对于构成重大危险源的站场应进行重大危险源分级，涉及爆炸品的应采用事故后果模拟计算法确定其事故后果及安全防护距离，涉及有毒气体或易燃气体的采用事故风险评价法确定其风险可接受程度及安全防护距离。《细则》未做强制要求，由评价单位和煤层气企业根据需要自行决定，解决了评价中对定量评价的模糊要求，和对定性、定量评价针对性不强的问题。

### 2.4.6 定性、定量评价

**【原文】** 4.6.1 根据初步设计、安全设施设计和建设项目联合试运转情况，采用安全检查表法（按照附录 C）或调查分析法、重大危险源评价法、类比分析法、事故后果模拟法等评价方法对各评价单元进行评价，明确评价单元的安全、可靠性。

**【解读】**

(1) 定性、定量评价主要是针对辨识分析出的危险、有害因素，针对划分的各个评价单元，采用适用的安全评价方法进行定性、定量评价，给出各评价单元是否符合安全设施设计及相关法律、法规、标准、规范的要求，是否具备安全验收条件的结论。安全设施设计及相关法律法规符合性评价一般采用安全检查表法。安全检查表内容可参照附录 C，评价单位可根据实际情况增加内容，但不应少于附录 C 规定，不涉及项应有明确说明。原则上各单元安全设施设计及相关法律法规、标准规范的符合性评价均应采用安全检查表法进行评价。

（2）安全检查表编制时严禁检查依据的主要法律、法规、标准中的相关条款漏评；填写“检查记录”时，严禁采用“符合要求”之类的无任何具体内容的表述形式，应依据相应的现场情况或竣工资料针对标准条款要求作出具体的描述分析。

（3）对存在重大危险源的单元、重点站场/井场、高后果区管段等高风险场所要采用事故后果模拟法分析风险是否可接受。

（4）调查分析法：研究者通过实地面谈、提问调查等方式收集、了解事物详细资料数据，并加以分析的方法。调查分析法可使用抽样的基本步骤，多以个体为分析单位，通过问卷、访谈等方法了解调查对象的有关咨询，加以分析来开展研究。根据调查对象的不同，可以分为个案调查法、重点调查、抽样调查、专家咨询法（德尔菲法、头脑风暴法）等。

类比分析法：利用与拟建项目类型相同的现有项目的设计资料或实测数据进行工程分析的方法。采用此法时，应充分注意分析对象与类比对象之间的相似性。

**【原文】** 4.6.2 周边环境及总平面布置、煤层气井系统、排采系统、集输系统、储罐系统、处理系统的符合性评价：根据联合试运转过程中对危险有害因素的控制情况，从区域位置、周边环境、总平面布置、工艺流程和布置、工艺参数、控制方式、操作条件、危险源种类与特性等方面进行分析，评价安全技术措施的符合性、有效性和充分性，并提出对策措施。宜包括以下评价内容：

a）建设项目所在的区域位置、总平面布置，与周边居民、企事业单位、重要建（构）筑物、敏感区域和环境保护敏感目标等的安全间距的符合性，预防自然灾害、工程地质灾害和社会危害安全措施的有效性；

b）开采工艺流程、工艺参数，主要设备、设施的生产运行、控制方式、操作条件；

c）安全设施设备，特种设备，安全阀，压力表，传感器，监测设备，可燃和有毒有害气体报警仪，防雷、防静电和其他危险性较大的设备的检测、检验；

d）设备、设施的接地、防雷保护系统，电气设备防爆；

e）防机械伤害、防高处坠落及其他伤害的措施；

f）井场、站场、集输管线的火灾、爆炸预防措施，火灾爆炸事故后果的模拟计算和分析评价；

g）预防硫化氢、二氧化硫及其他有害气体中毒、窒息的措施。

【解读】

**1. 周边环境及总平面布置**

（1）依据《煤层气地面开采防火防爆安全规程》《煤层气地面开发建设项目安全设施设计审查和竣工验收规范》《煤层气地面开采安全规程（试行）》（国家安全生产监督管理总局令第46号）等以及其他与站场平面及竖向布置相关的国家现行标准，编制站场平面及竖向布置的安全检查表，对站场总体布局、防火间距（含放空立管）、风频风向、储罐区设置、站内道路、竖向布置、防洪排涝等进行检查评价。

（2）在含硫化氢的矿区，场地及设备的布置应符合《煤层气地面开采安全规程（试行）》第二十五条要求，应考虑季节风向，在有可能形成硫化氢和二氧化硫的聚积处，有良好的通风条件，设置警示标志，使用防爆通风设备，并设置逃生通道及安全区。

（3）煤层气井布置应符合《煤层气地面开采安全规程（试行）》第三十三条至第三十六条有关要求：

①不得布置在滑坡、崩塌、泥石流等地质灾害易发地带。

②气井井口与周围建（构）筑物、设施的间距应当符合行业标准《煤层气地面开采防火防爆安全规程》规定。

③煤层气井与周围建（构）筑物的防火间距符合《煤层气地面开采防火防爆安全规程》第5.2.1条要求。

（4）站场、井场设置应符合《煤层气地面开采安全规程（试行）》第五十三条、第五十五条、第一百五十五条至第一百五十七条规定：

①煤层气企业在站场内设置风向标，并悬挂在有关人员可以看到的位置。

②井场平整、坚固。井架地基填方部分不超过四分之一面积。填方部分采取加固措施。煤层气企业在山坡上修筑井场时，当地层坚硬、稳固时，井场边坡坡度不大于85度；当地层松软时，井场边坡坡度不大于60度。必要时，砌筑护坡、挡土墙。

③煤层气企业应当依据煤层气田地面建设总体规划以及所在地区城镇规划、集输管线走向，结合地形、地貌、工程和水文地质条件，统一规划站场的选址及布局，并远离地质灾害易发区，在站场服务年限内避免受采空区、采动区的影响，确保站场安全。

④站场应当布置在人员集中场所及明火或者散发火花地点全年最小频率风向的上风侧，站场主要设施与周边有关设计的安全距离应符合下列要求：与居民区、村镇、公共设施的防火间距不小于 30 米；与相邻厂矿企业、35 千伏及以上变电所的防火间距不小于 30 米；与公路的间距不小于 10 米；与铁路线的间距不小于 20 米；与架空通信线、架空电力线的间距不小于 1.5 倍杆高；与采石场等爆炸作业场地的间距不小于 300 米。

⑤站场内平面布置、防火安全、场内道路交通及与外界公路的连接应当符合《石油天然气工程设计防火规范》的有关规定。

（5）放空管应当符合《煤层气地面开采安全规程（试行）》第一百五十九条规定，放空管应当位于站场生产区最小频率风向的上风侧，且处于站场外地势较高处，其高度应当比附近建（构）筑物高出 2 米以上，且总高度不得小于 10 米。放空管距站场的距离一般不小于 10 米；当放空量大于 12000 立方米/小时且等于或小于 40000 立方米/小时，放空管距站场的距离应当不小于 40 米。

（6）根据《煤层气地面开发建设项目安全设施设计审查和竣工验收规范》第 4.2.3 条要求，煤层气井位布设保障煤矿井下巷道布置和生产安全，布设在煤矿井下硐室、井底车场等主要设施 200 米以外。

（7）根据《矿山安全评价检测检验监督管理办法（试行）》，未辨识出选址位于《工业企业总平面设计规范》中规定的 11 类区域，或者周边环境中的村庄、铁路、公路等重要设施内容与评价期间实际情况不符，且实际情况不符合安全生产有关标准、规范规定或者安全设施设计，故意隐瞒且影响评价结论的，属于虚假报告。因此，安全评价人员一定要高度重视总平面布置的评价内容，逐项排查是否符合《工业企业总平面设计规范》和安全设施设计，对不符合项应予以明确提出，不得故意隐瞒。

**【现场勘查主要要求】**

现场勘查中，应对井场、阀组、站场、管道与周边建构筑物、企事业单位等的距离，对井场、阀组、站场内部设备设施、建构筑物之间的距离进行实际测量，并依据《煤层气地面开采安全规程（试行）》要求，判断井场、阀组、站场、管道与周边建构筑物、企事业单位等的距离，判断井场、阀组、站场内部设备设施、建构筑物之间的距离的符合性，具体包括：

（1）气井井口与周围建（构）筑物的防火间距，周围建构筑物包括架空电力线、35 千伏及以上独立变电所、100 人以上居住区、村镇、公共福利设施、铁路、公路、储罐、甲乙类容器、相邻厂矿企业等场所；井场设备、设施布置防火间距，包括作业现场的生活区与井口的距离，值班房等井场工作房、油罐区距井口的距离，发电房与油罐区的距离等。

（2）煤层气处理厂设备、容器、厂房、集气站与周围建（构）筑物的距离，周围建（构）筑物包括居住区、村镇、公共福利设施、散居房屋、厂矿企业、铁路、公路、架空电力线、35 千伏及以上独立变电所、架空通信线路等。

（3）煤层气处理厂、集气站内部设备、容器、厂房、办公场所等之间的距离。

（4）放空立管、放空火炬与煤层气处理厂、集气站的间距，与周围建构筑物的间距，包括居住区、村镇、公共福利设施、散居房屋、厂矿企业、铁路、公路、架空电力线、35 千伏及以上独立变电所、架空通信线路等。放空立管位于站场生产区最小频率风向的上风侧，且宜布置在站场外地势较高处。

（5）存在地质灾害危险的井场、站场的防灾设施，包括护坡、挡土墙等。

**【评价报告编制要求】**

（1）评价报告编制时，在《细则》附录“D. 2. 4 项目场址和总平面布置”中描述井场、站场、阀组的地理位置、区域布置及周边环境（列表说明周边环境井场、站场、阀组的距离）及防灾措施、总平面布置（列表说明井场、站场、阀组内部建（构）筑物、设备设施之间的距离）、竖向布置及防洪措施等。对于改建、扩建项目，应重点说明改建、新建设备设施与周边环境、站内设施的距离。

（2）评价报告编制时，在《细则》附录“D. 6. 1 周边环境及总平面布置单元”中，主要采用安全检查表法对周边环境及总平面布置单元，依据相关法律法规、标准规范进行符合性评价。

①报告应将《细则》附录 C 中表 C“一、周边环境及总平面布置单元”的

安全检查表列入，编制人员可根据煤层气建设项目实际情况适当增加检查内容，但检查内容不应少于检查表要求内容，不涉及项填写“不涉及”，涉及项逐项填写检查记录，对照检查内容提出存在的问题，明确整改措施建议。

②报告应明确给出周边环境及总平面布置单元是否符合要求、各项措施是否落实到位的结论，明确给出周边环境及总平面布置单元是否达到安全验收条件。对于评价发现的问题隐患，应在问题隐患整改完成后再作出安全管理是否满足建设项目安全运营需求的结论。

**2. 煤层气井系统**

（1）依据《煤层气地面开采防火防爆安全规程》《煤层气地面开发建设项目安全设施设计审查和竣工验收规范》《煤层气地面开采安全规程（试行）》等以及其他与煤层气井系统相关的国家现行标准，编制煤层气井系统的安全检查表，对煤层气井系统等进行检查评价。

（2）在含硫化氢环境中进行生产作业，应符合《煤层气地面开采安全规程（试行）》第二十三条、第二十八条、第二十九条要求：

①配备固定式和携带式硫化氢监测仪。

②在含硫化氢的矿区进行煤层气井钻井时，应当符合下列要求：地质及工程设计考虑硫化氢防护的特殊要求；采取防喷措施，防喷器组及其管线闸门和附件能够满足预期的井口压力；井场内禁止烟火，并采取控制硫化氢着火的措施；使用适合于含硫化氢地层的钻井液，并监测、控制钻井液 pH 值；在含硫化氢地层取芯和进行测试作业时，采取有效的防硫化氢措施。

③在煤层气企业含硫化氢的煤层气井进行井下作业，应当符合下列要求：采取防喷措施；采取控制硫化氢着火的措施；当发生修井液气侵，硫化氢气体逸出时，立即通过分离系统分离或者采取其他处理措施；进入盛放修井液的密闭空间或者限制通风区域，可能产生硫化氢气体时，采取相应的人身安全防护措施；进行对射孔作业、压裂作业等特殊作业时，采取硫化氢防护措施。

（3）放射源管理符合《煤层气地面开采安全规程（试行）》第九十一条、第九十三条规定：

①放射源必须存放在专用源库中，源库的设计及源库内外的剂量当量率符合国家有关油（气）田测井用密封型放射源卫生防护标准的要求。煤层气企业

建立健全放射源的使用档案及领用、保管制度。施工区建立临时源库，源库设有警戒标志并有防盗、防丢失措施。

②放射源必须专车运输、专人押运，中途停车、住宿时有专人监护。

（4）钻井、固井、测井作业符合《煤层气地面开采安全规程（试行）》第三十五条、第三十九条、第四十一条、第四十三条规定：

①钻井作业时，生活区、值班房置于井架侧面，且处于最小频率风向的下风侧，与井口的间距不小于 10 米，井场发电房与柴油罐的间距不小于 5 米。

②钻井工艺技术有利于保护煤储层，并制定井漏、井涌、井喷、井塌、卡钻、防斜等复杂情况的安全技术措施。

③固井作业设计保证后续增产作业施工的安全。套管柱进行强度设计，综合考虑内应力、挤应力和拉应力，满足后续作业的需要。

④煤层气企业应当建立测井安全操作管理和事故处理措施。煤层气企业应对放射源等危险物品的储存、运输、使用和防护作出特别规定。

（5）钻井与固井时电气设备保护、远程控制台应符合《煤层气地面开采安全规程（试行）》第六十五条、第六十七条、第七十一条规定：

①发电机应当配备超载保护装置。电动机应当配备短路、过载保护装置。

②井场电气设备应当设保护接零或者保护接地，保护接地电阻小于 4 欧姆。

③煤层气企业安装井控装置时，放喷管线的布局应当考虑当地季节风向、居民区、道路、油罐区、电力线及各种设施等情况。

（6）压裂施工符合《煤层气地面开采安全规程（试行）》第一百零八条规定，压裂设备、井口装置和地面管汇满足压裂施工工艺和压力要求。压裂施工所用高压泵安全销子的剪断压力不超过高压泵额定最高工作压力。井口用专用支架或者其他方式固定。高压管线长度每间隔 8 米时有固定高压管线的措施。以井口 10 米为半径，沿泵车出口至井口地面流程两侧 10 米为边界，设定为高压危险区，并使用专用安全带设置封闭的安全警戒线。

**【现场勘查主要要求】**

现场勘查中，主要通过查阅竣工资料、钻井史记录等资料，对钻井过程中采取的安全措施、钻井、完井、固井质量的符合性进行核查。主要包括以下内容：

（1）钻井设备与设施：井架及吊装作业与高、低压架空线路保持安全距离；设备安全装置设施齐全完好；在井场设置风向标；柴油机排气管有冷却和火花消除装置；现场有可靠的通信联络；井场的井架、计量油罐应安装防雷防静电接地装置等。

（2）钻井施工：钻井施工设计中有根据危险源辨识、风险评价结果编制的防火防爆措施和应急预案章节；钻井施工队伍严格执行有关防火防爆的安全技术要求；安全存储和放置可燃物、易燃物；钻台上下及井口周围不得堆放易燃易爆物品及其他杂物；远程控制台及其周围应无易燃易爆、易腐蚀物品；井口附近的设备、钻台和地面等处应风流通畅；井场严禁存放火源；井场储存和使用易燃易爆物品的管理应符合国家有关危险化学品管理的规定；所有靠近井口的工作车辆采取安装阻火器等相应的安全技术措施；动火作业等特殊作业要执行作业许可审批制度；在一个新区块钻实验孔时要制订防井喷措施和应急预案，必要时应配备井口防喷器。

（3）查阅竣工资料、钻井史记录等资料，检查钻井、完井、固井质量是否符合设计要求。

**【评价报告编制要求】**

（1）评价报告编制时，在《细则》附录“D. 2. 5 建设项目开采工艺”介绍煤层气井的钻井、完井、固井、压裂等工艺情况，重点说明煤层气采用的节流工艺。

（2）评价报告编制时，在《细则》附录“D. 2. 6 主要设备、设施和装置及布置”介绍煤层气井的主要设施，包括套管、油管、节流器等。

（3）评价报告编制时，在《细则》附录“D. 6. 2 煤层气井系统单元”中，主要采用安全检查表法对煤层气井系统单元，依据相关法律法规、标准规范进行符合性评价。

①报告应将《细则》附录 C 中表 C“二、煤层气井系统单元”的安全检查表列入，编制人员可根据煤层气建设项目实际情况适当增加检查内容，但检查内容不应少于检查表要求内容，不涉及项填写“不涉及”，涉及项逐项填写检查记录，对照检查内容提出存在的问题，明确整改措施建议。

②报告应明确给出煤层气井系统单元是否符合要求、各项措施是否落实到位的结论，明确给出煤层气井系统单元是否达到安全验收条件。对于评价发现

的问题隐患，应在问题隐患整改完成后再作出安全管理是否满足建设项目安全运营需求的结论。

**3. 排采系统**

（1）依据《煤层气地面开采防火防爆安全规程》《煤层气地面开发建设项目安全设施设计审查和竣工验收规范》《煤层气地面开采安全规程（试行）》等以及其他与排采系统相关的国家现行标准，编制排采系统的安全检查表，对排采系统等进行检查评价。

（2）排采系统应符合《煤层气地面开采安全规程（试行）》第四十八条、第一百一十八条、第一百一十九条、第一百二十一条、第一百三十一条要求：

①井口设置排采沉淀池，煤层气井排出的水经过沉淀后，满足有关规定要求后方可进行排放；水管线以一定的坡度通向排采沉淀池，保证水流畅通。

②排采井场应当符合下列要求：平整、清洁、无杂草；井场周围应当设围栏，围栏高度不得低于 1.7 米，并有明确的警示标识；井场内所有可能对人体产生碰伤、挤伤或者其他伤害的危险物体涂以红色标记，以示警告。

③煤层气企业应当将排采沉淀池布置在井场围栏范围内；布置在排采围栏范围外时，应当设独立围栏。

④排采设备置于远离放空火炬的一侧摆放，发电机排气筒方向不得正对井口。煤层气企业应当定期用可燃气体检测仪检测阀门、管线是否漏气，发现漏气立即检修处理。气、水管线应当分别安装气、水阀门，气管线应当涂成黄色，水管线应当涂成绿色。

⑤排采设备的控制柜应当有防护措施，埋地电缆应当有明显标记。

（3）根据《煤层气地面开采防火防爆安全规程》第 8.1.5 条要求，应在排采井场大门或其他醒目处安装“严禁烟火”“穿戴劳动防护用品”等安全警示标志，并悬挂牢固。井场范围内危险区域有明显警示标志牌。

（4）根据《煤层气地面开发建设项目安全设施设计审查和竣工验收规范》第 4.3.3 条、第 4.3.5 条和第 5.3.5 条规定：

①需要设置放空火炬的煤层气井，放空火炬置于井口全年最小频率风向的上风侧，放空火炬距井口的距离应不小于 10 m，放空火炬高度应不小于 3 m。

②排采设备的控制柜具备 IP54 防护等级及以上的防护措施。

③输气管线安装阀门。

**【现场勘查主要要求】**

(1) 现场勘查中，主要通过查阅技术资料、现场检查井场排采设备设施的生产情况，对排采生产过程中采取的安全措施、安全设施的符合性进行核查。

①井场布置：排采井场满足防火防爆要求，抽油机、发电机组以及气管线、水管线、分离器、排水沉淀池、放空管、大门等合理布置；井场设围栏，有明确的警示标识；排水沉淀池和放空火炬布置在排采围栏范围内；井场范围内危险区域要有明显警示标志牌；排采井场应平整、坚实、清洁；通向井场的道路应能够满足作业以及消防、抢险车辆通行要求。

②采气井生产：排采设备、仪器、仪表等由有资质的生产厂商生产并出具合格证书，必须满足防火防爆要求，定期检验、检定；井场出站管线上设置截断阀；井口装置、地面管线、设备定期涂漆防腐，排水管线识别色为绿色，采气管线识别色为黄色；放空火炬应制定安全的点火措施，与树林等间距应在30米以上；发电机房要远离放空火炬，发电机排气筒方向不能正对井口；有人值守的井场消防器材应齐全、性能良好，要有专人负责，定期检查；井场内动火与井场内、外放空，不能同时进行；动火施工期间，应保持系统压力平稳；冬季应对排水管线、计量仪器、气水分离器等实施保温；仪表间、阀组间等封闭场所和相对密度大于1.0的煤层气井场应设置可燃气体探测报警系统。

③采气井废弃：停止生产后必须对储层用水泥封固，水泥封固高度需高出目的层顶板100米以上。

(2) 核实工艺参数。现场检查时，要重点核实项目是否在设计参数范围内运行，主要包括井口压力、温度是否在设计压力下运行。

**【评价报告编制要求】**

(1) 评价报告编制时，在《细则》附录“D.2.5 建设项目开采工艺”介绍排水采气等工艺情况。

(2) 评价报告编制时，在《细则》附录“D.2.6 主要设备、设施和装置及布置”介绍井场排水采气的主要设施，包括采油树、计量、截断、阀组等。

(3) 评价报告编制时，在《细则》附录“D.6.2 煤层气井系统单元”中，主要采用安全检查表法对排采系统单元，依据相关法律法规、标准规范进行符合性评价。

①报告应将《细则》附录C中表C“三、排采系统单元”的安全检查表列入，编制人员可根据煤层气建设项目实际情况适当增加检查内容，但检查内容不应少于检查表要求内容，不涉及项填写“不涉及”，涉及项逐项填写检查记录，对照检查内容提出存在的问题，明确整改措施建议。

②报告应明确给出排采系统单元是否符合要求、各项措施是否落实到位的结论，明确给出排采系统单元是否达到安全验收条件。对于评价发现的问题隐患，应在问题隐患整改完成后再作出安全管理是否满足建设项目安全运营需求的结论。

（4）对重点井场，可采用事故风险评价法确定其风险可接受程度。

①事故风险评价可采用安远风险模拟计算软件、DNV风险模拟计算软件等行业内认可的软件进行计算。计算过程中，应考虑最不利状况前的事故场景，计算参数选取应结合设计参数及运行参数按评价需要选取。

②对于风险评价结论为风险尽可能降低区、不可接受区的单元，应提出针对性的风险消减、消除措施，降低风险水平。

#### 4. 集输系统及储罐单元

（1）依据《煤层气地面开采防火防爆安全规程》《煤层气地面开发建设项目安全设施设计审查和竣工验收规范》《煤层气地面开采安全规程（试行）》等以及其他与集输系统及储罐单元相关的国家现行标准，编制集输系统及储罐单元的安全检查表，对集输系统及储罐单元等进行检查评价。

（2）煤层气集输管线线路的选择符合《煤层气地面开采安全规程（试行）》第一百四十六条规定，管线线路的选择应当符合下列要求：线路顺直、平缓，减少与天然和人工障碍物的交叉；避开重要的军事设施、易燃易爆仓库、国家重点文物保护单位等区域；避开城镇规划区、大型站场、飞机场、火车站和国家级自然保护区等区域。当受条件限制，管线需要在上述区域内通过时，必须征得有关部门同意，留出足够的安全距离，并采取相应的安全保护措施；严禁管线通过铁路或者公路的隧道、桥梁（管线专用公路的隧道、桥梁除外）以及铁路编组站、大型客运站和变电所；避开地下杂散电流干扰大的区域；当避开确有困难时，采取符合标准、规范的排流措施；避开不良工程地质地段；选择合适的位置和方式穿越。

（3）集输管线敷设符合《煤层气地面开采安全规程（试行）》第一百四十八条、第一百五十二条、第一百五十四条规定：

①煤层气集输管线采用埋地方式敷设，特殊地段也可以采用土堤、地面、架空等方式敷设；管线敷设满足抗震要求。

②管线沿线应当设置里程桩、转角桩、标志桩和警示牌等永久性标志。里程桩沿气流前进方向从管线起点至终点每500米连续设置。

③裸露或者架空的管线有良好的防腐绝缘层，带保温层的，采取保温和防水措施。管线定期排水，防止造成水堵、冰堵。站场的进出站两端管线，加装绝缘接头，确保干线阴极保护可靠性。

（4）站场安全警示标识符合《煤层气地面开采安全规程（试行）》第一百六十二条规定：

煤层气企业应当在站场的进口处设置明显的安全警示牌、进站须知和逃生路线图，并向进入站场的外来人员告知安全注意事项等。

站场应当设置不低于1.7米的非燃烧材料围墙或围栏，并设置安全警示标志。

站场内大于或等于35千伏的变配电站应当设置不低于1.5米的围栏。

（5）根据《煤层气地面开采安全规程（试行）》第一百六十八条规定：在煤层气脱水装置前应当设置分离器。脱水器前及压缩机的出口管线上的截断阀前应当分别设置安全阀。

（6）根据《煤层气地面开采安全规程（试行）》第一百七十三条规定：进脱硫装置的原料气总管线和再生塔应当设安全阀，液硫储罐最高液位之上应当设置灭火蒸汽管。储罐四周应当设置闭合的不燃烧材料防护墙，墙高应当为1米，四周设置相应的消防设施。

（7）根据《煤层气地面开发建设项目安全设施设计审查和竣工验收规范》第4.4.2条、第4.4.4条、第5.4.6条和第4.4.6条规定：

①管线及管线组件的材质选择符合下列规定：管线及管线组件的材料强度、寿命符合AQ 1082的规定；穿越环境及地质条件复杂区域时，采用钢管或采用钢护套保护；管线材质满足当地的抗震规定。

②钢制埋地集输管线的防腐绝缘与阴极保护设计应符合 SY/T 0447 与 SY/T 4208 的相关规定。

③所有管线经吹扫、试压合格，满足安全生产条件后，方可投入运行。

④干线阀室保持通风良好，并设置安全警示标识。

**【现场勘查主要要求】**

（1）现场勘查中，主要通过查阅技术资料、现场检查集输系统及储罐单元的生产情况，对集输管道、阀组、站场、储罐等主要设备设施采取的安全措施、安全设施的符合性进行核查。

①设备：容器、管道和装卸设施等须安装防静电接地装置；梯子、栈桥和护栏齐全、可靠，安全通道应畅通；机电设备转动部位有防护罩；安全阀、温度计和压力表在校验有效期内使用；对调节阀、减压阀、安全阀、高（低）压泄压阀等主要阀门按照相应运行和维护规程进行操作和维护，并按规定定期校验；定时记录设备的运转状况，定期分析主要设备的运行状态。

②增压安全措施：站场应设置围墙或围栏，围栏应采用非燃烧材料，站场应设置安全警示标志；煤层气增压的压缩机允许气体组分、进气压力、进气温度和进气量有一定的波动范围；压缩机的吸入口有防止空气进入的措施及可靠的防静电装置；压缩机的各级进口设凝液分离器或机械杂质过滤器；压缩机启动及事故停车安全联锁应完好。

③储气安全措施：煤层气压力储罐（球罐、卧式罐）装有紧急放空、安全泄压设施及压力液位显示仪表；煤层气储罐、气柜有良好的防雷、防静电接地装置；煤层气储罐（柜）检修动火时，经放空、清洗、强制通风，并进行气体检测，与外界可燃气体连通的进、出口法兰应加钢制盲板隔离并确保密封有效；加强气柜的使用与安全管理，水槽内要保持正常水位，冬季要有保温防冻措施；固定式储罐应有喷淋水或遮阳设施；煤层气储罐区应有醒目安全警示标志；应配备相应的消防设施。

④集输管道：

a）线路路由：线路必须避开重要的军事设施、易燃易爆仓库、国家重点文物保护单位等区域；线路应避开飞机场、火车站和国家级自然保护区等区域；应尽量避开地下杂散电流干扰大的区域；避不开时应采取符合标准、规范的排流措施。

b）材料：管道及其附件应有产品质量证明书；穿越铁路、公路、大型河流及人口稠密区时，应采用钢管。

c）管线敷设：集输管道采用埋地方式敷设，特殊地段可采用土堤、地面、架空等方式敷设；埋地管线坡度应根据地形的要求，采用弹性敷设，管线埋地深度应在冻土层以下，但埋深点也不宜太深；管线敷设应满足抗震要求；管线采用阴极保护时，在河流及其他非常潮湿的地段，设置绝缘法兰，使各个管段的保护相对独立，防止漏电时整个系统失效。

d）穿（跨）越：管线穿越干线公路及其他一般机动车通行的道路时，应将管线置于套管或涵洞内，套管顶距公路路面不小于1.2米，且两端应伸出路基两边1.5米左右，同时套管两端采用沥青麻刀封堵以防止套管内积水造成管线腐蚀；管线在穿越河流沟渠时应置于套管内穿越，且套管两端应伸出河流沟渠岸基1.5米左右，同时套管两端采用沥青麻刀封堵以防止套管内积水造成管线腐蚀；管线套管穿越铁路、干线公路、河流时，应在套管较高的一端设置检漏点。

e）线路标志与防腐：管道沿线应设置里程桩、转角桩、标志桩，里程桩一般每500米一个。

（2）核实工艺计算、工艺参数。现场检查时，要重点核实项目是否在设计参数范围内运行，主要检查集输管道运行压力、温度是否处于设计压力、温度范围内，集气站进站、出站压力、温度是否处于设计压力、温度范围内。

**【评价报告编制要求】**

（1）评价报告编制时，在《细则》附录“D.2.5 建设项目开采工艺”介绍集输系统流程、阀组集输流程、站场集输、过滤、分离、脱水、增压、排污、放空、储存等工艺情况，说明设计压力及运行压力。

（2）评价报告编制时，在《细则》附录“D.2.6 主要设备、设施和装置及布置”介绍集输系统及储罐单元的主要设施，包括集输管道、过滤、分离、脱水、增压、排污、放空、储罐等。

（3）评价报告编制时，在《细则》附录“D.6.4 集输系统及储罐单元”中，主要采用安全检查表法对集输系统及储罐单元，依据相关法律法规、标准规范进行符合性评价。

①报告应将《细则》附录C中表C“四、集输系统及储罐单元”的安全检

查表列入，编制人员可根据煤层气建设项目实际情况适当增加检查内容，但检查内容不应少于检查表要求内容，不涉及项填写“不涉及”，涉及项逐项填写检查记录，对照检查内容提出存在的问题，明确整改措施建议。

②报告应明确给出集输系统及储罐单元是否符合要求、各项措施是否落实到位的结论，明确给出集输系统及储罐单元是否达到安全验收条件。对于评价发现的问题隐患，应在问题隐患整改完成后再作出安全管理是否满足建设项目安全运营需求的结论。

(4) 对重点站场尤其是构成重大危险源的站场、管道高后果区等风险较高的生产系统或场所，采用事故风险评价法确定其风险可接受程度。

①事故风险评价可采用安远风险模拟计算软件、DNV风险模拟计算软件等行业内认可的软件进行计算。计算过程中，应考虑最不利状况前的事故场景，计算参数选取应结合设计参数及运行参数按评价需要选取。

②对于风险评价结论为风险尽可能降低区、不可接受区的单元，应提出针对性的风险消减、消除措施，降低风险水平。

**5. 处理系统**

(1) 依据《煤层气地面开采防火防爆安全规程》《煤层气地面开发建设项目安全设施设计审查和竣工验收规范》《煤层气地面开采安全规程（试行）》等以及其他与处理系统相关的国家现行标准，编制处理系统的安全检查表，对处理系统等进行检查评价。

(2) 压缩站内电气设备防爆应符合《煤层气地面开采安全规程（试行）》第一百九十九条规定，整洁，部件齐全紧固，无松动、无损伤、无机械变形，场所清洁、无杂物和易燃物品；选型符合GB 50058的要求；电缆进线装置密封可靠，空余接线孔封闭符合要求；设备保护、联锁、检测、报警、接地等装置齐全完整；防爆灯具的防爆结构、保护罩保持完整；接地端子接触良好，无松动、无折断、无腐蚀；应急照明设施符合防爆要求。

(3) 煤层气储罐应符合《煤层气地面开采安全规程（试行）》第一百九十条、第一百九十一条要求：

①煤层气压力储罐（球罐、卧式罐）应当安装紧急放空、安全泄压设施及压力仪表。煤层气储罐（柜）检修动火时，经放空、清洗、强制通风，并检验

气体中甲烷浓度（低于 0.5% 为合格）。

②煤层气企业应当对煤层气储罐定期检测，煤层气储罐区有明显的安全警示标志。

（4）中心处理站应符合《煤层气地面开发建设项目安全设施设计审查和竣工验收规范》第 5.6.2.3 条、第 5.6.2.4 条、第 5.6.2.5 条和第 4.6.2.3 条规定：

①中心处理站内调节阀、减压阀、高（低）压泄压阀等主要阀门设备运转正常，并定期进行校验；温度表、压力表安全阀等准确，设备、管汇无渗漏。

②中心处理站应设置静电释放球、安全警示标识、进站须知、避灾路线图、防火灭火器材和阻燃材料围墙或围栏，有专人告知外来人员安全注意事项。

③中心处理站封闭区域安装通风装置及煤层气报警装置，站内设置风向标、防雷装置、通信设备。

④中心处理站应设置不低于 1.7 米的阻燃材料围墙或围栏，并设置安全警示标识。中心处理站内应配置相应的消防器材。中心处理站内管汇爆炸危险区域使用防爆电气设施，电气线路的敷设采取防爆安全措施。

（5）压缩站厂房应符合《煤层气地面开发建设项目安全设施设计审查和竣工验收规范》第 5.6.3.1 条、第 4.7.1 条规定：

①压缩站厂房、压缩机和储气设备符合批准的安全设施设计要求。

②压缩站厂房使用耐火材料，采用不发火地面；厂房的门窗向外开启，建筑面积大于 100 平方米的厂房至少设置两个疏散门，并保持通道畅通；采用封闭式厂房时，应有煤层气报警装置、良好的机械通风设施和足够的泄压面积；压缩机房应设置防爆应急照明系统；压缩机房应有醒目的安全警示标识。

（6）压缩机应符合《煤层气地面开发建设项目安全设施设计审查和竣工验收规范》第 4.7.2 条规定，压缩机组有紧急停车和安全保护联锁装置；压缩机控制系统设置压力、温度显示与保护联动装置；压缩机前设置缓冲罐；压缩机单排布置；在高寒地区或风沙地区压缩机组采用封闭式厂房，其他地区采用敞开式或半敞开式厂房；压缩机或其厂房与站内（明火或散发火花的设备或场所、仪表控制间、10 千伏及以下的变配电室、化验室、办公室）的防火间距不小于 15 米。

（7）压缩煤层气储气设备应符合《煤层气地面开发建设项目安全设施设计审查和竣工验收规范》第4.7.3条规定，储气瓶（储气井）的设计应符合《气瓶安全监察规定》和《关于地下储气井安全监察有关事项的公告》规定；储气瓶组（储气井）与站内汽车通道相邻一侧，应设置安全防撞栏或者采取其他防撞设施；储气瓶组（储气井）进气总管上设置安全阀、压力表紧急放空管；每个储气瓶组（储气井）出口应设置截止阀；储罐区应有明显的安全警示标识。

**【现场勘查主要要求】**

（1）现场勘查中，主要通过查阅技术资料、现场检查处理系统单元的生产情况，对处理站/处理厂中脱水、脱硫、过滤、分离等设备设施采取的安全措施、安全设施的符合性进行核查。

①设备：容器、管道和装卸设施等须安装防静电接地装置；梯子、栈桥和护栏齐全、可靠，安全通道应畅通；机电设备转动部位有防护罩；安全阀、温度计和压力表在校验有效期内使用；对调节阀、减压阀、安全阀、高（低）压泄压阀等主要阀门按照相应运行和维护规程进行操作和维护，并按规定定期校验；定时记录设备的运转状况，定期分析主要设备的运行状态；站场的进口处设置明显的安全警示牌及进站须知，并对进入煤层气站的外来人员告知安全注意事项及逃生路线等。

②安全措施：站场应设置围墙或围栏，围栏应采用非燃烧材料；煤层气增压的压缩机允许气体组分、进气压力、进气温度和进气量有一定的波动范围；压缩机的吸入口有防止空气进入的措施及可靠的防静电装置；压缩机的各级进口设凝液分离器或机械杂质过滤器；压缩机启动及事故停车安全联锁应完好；煤层气压力储罐（球罐、卧式罐）装有紧急放空、安全泄压设施及压力液位显示仪表；煤层气储罐、气柜有良好的防雷、防静电接地装置；煤层气储罐（柜）检修动火时，经放空、清洗、强制通风，并进行气体检测，与外界可燃气体连通的进、出口法兰应加钢制盲板隔离并确保密封有效；加强气柜的使用与安全管理，水槽内要保持正常水位，冬季要有保温防冻措施；固定式储罐应有喷淋水或遮阳设施；煤层气储罐区应有醒目的安全警示标志；应配备相应的消防设施。

（2）核实工艺计算、工艺参数。现场检查时，要重点核实项目是否在设计参数范围内运行，主要检查处理厂进站、出站压力及温度是否处于设计压力、温度范围内，脱水、脱硫等工艺是否达到设计的脱出效果。

**【评价报告编制要求】**

（1）评价报告编制时，在《细则》附录“D. 2. 5 建设项目开采工艺”介绍处理系统流程、过滤、分离、脱水、脱硫、增压、排污、放空等工艺情况，说明设计压力及运行压力。

（2）评价报告编制时，在《细则》附录“D. 2. 6 主要设备、设施和装置及布置”介绍处理系统单元的主要设施，包括过滤、分离、脱水、脱硫、增压、排污、放空等。

（3）评价报告编制时，在《细则》附录“D. 6. 5 处理系统单元”中，主要采用安全检查表法对处理系统单元，依据相关法律法规、标准规范进行符合性评价。

①报告应将《细则》附录 C 中表 C“五、处理系统单元”的安全检查表列入，编制人员可根据煤层气建设项目实际情况适当增加检查内容，但检查内容不应少于检查表要求内容，不涉及项填写“不涉及”，涉及项逐项填写检查记录，对照检查内容提出存在的问题，明确整改措施建议。

②报告应明确给出处理系统单元是否符合要求、各项措施是否落实到位的结论，明确给出处理系统单元是否达到安全验收条件。对于评价发现的问题隐患，应在问题隐患整改完成后再作出安全管理是否满足建设项目安全运营需求的结论。

（4）对重点站场尤其是构成重大危险源的站场，可采用事故风险评价法确定其风险可接受程度。

①事故风险评价可采用安远风险模拟计算软件、DNV 风险模拟计算软件等行业内认可的软件进行计算。计算过程中，应考虑最不利状况前的事故场景，计算参数选取应结合设计参数及运行参数按评价需要选取。

②对于风险评价结论为风险尽可能降低区、不可接受区的单元，应提出针对性的风险消减、消除措施，降低风险水平。

**【原文】**4. 6. 3 公用工程及辅助生产设施的符合性评价：供配电、自动化控制及安全监测报警、通信、给排水、消防等系统的设置，建（构）筑物和安全警示标志的配置，站场内厂房通道、照明、暖通的设置等。

【解读】

(1) 依据《煤层气地面开发建设项目安全设施设计审查和竣工验收规范》《煤层气地面开采安全规程（试行）》等以及其他与公用工程及辅助设施相关的国家现行标准，编制公用工程及辅助设施的安全检查表，对自控、通信、供配电、防腐、保温、给排水及消防、采暖、通风、建（构）筑物等进行检查评价。

(2) 防静电装置符合《煤层气地面开采安全规程（试行）》第四十九条规定：

①煤层气企业对可能产生静电危险的下列设备和管线设置防静电装置：进出装置或者设施处；爆炸危险场所的边界；煤层气储罐、过滤器、脱水装置、缓冲器等及其连接部分；管道分支处以及直线段每隔 200~300 米处；压缩机的吸入口和加气机本身及槽车与加气机连接环节。

②在站场入口和主要的操作场所，煤层气企业应当安装人体静电导除装置，防静电接地装置的接地电阻不大于 100 欧姆。

③在连接管线的法兰连接处，煤层气企业应当设置金属跨接线（绝缘法兰除外）。当法兰用 5 根以上螺栓连接时，法兰可以不用金属线跨接，但必须构成电气通路。

(3) 消防机构和器材应符合《煤层气地面开采安全规程（试行）》第十七条、第五十八条规定：

①煤层气企业应当建立相应的消防机构，配备专职或者兼职消防人员和必要的装备、器材，或者与所在地消防、应急救援机构签订消防救援合同。

②煤层气企业应当在井场配备足够数量的消防器材。消防器材由专人管理，定期维护保养，不挪作他用。消防器材摆放处保持通道畅通，确保取用方便。

(4) 防静电接地、防雷接地符合《煤层气地面开采安全规程（试行）》第五十条、第五十二条规定：

①工程和设备的防静电接地应当符合下列要求：设施设备和车辆的防静电接地，不使用链条类导体连线；防静电接地、防感应雷接地和电气设备接地共同设置的，其接地电阻不大于 10 欧姆；防静电接地装置单独设置的，接地电阻不大于 100 欧姆，埋设周围情况良好；防静电接地不使用防直击雷引下线和

电气工作零线，测量点位置不得设在爆炸危险区域内：检修设备、管线可能导致防静电接地系统断路时，预先设置临时性接地，检修完毕后及时恢复。

②防雷应当符合下列安全要求：建（构）筑物、工艺设备、架空管线、各种罐体、电气设备等设置防雷接地装置；进入变（配）电室的高压电路安装与设备耐压水平相适应的过电压（电涌）保护器；信息系统配电线路的首、末端与电子器件连接时，装设与电子器件耐压水平相适应的过电压（电涌）保护器；防雷接地电阻不大于 10 欧姆，引下线地面以下 0.3 米至地面以上 1.7 米无破坏，接地测试断接点接触良好，埋设周围情况良好；防雷装置保护范围不缩小；防雷击接地措施不影响输气管线阴极保护效果；接地装置定期由具备资质的单位进行测试。

（5）站场供电和电气安全应当符合《煤层气地面开采安全规程（试行）》第一百九十七条规定，站场的消防、通信、控制、仪表等使用不间断电源或者双回路供电，消防、控制、配电等重要场所设置应急照明；站场内管汇、阀组、压缩机等爆炸危险区域必须使用防爆电气设施，电气线路使用阻燃电缆，线路的敷设采取防爆安全措施；配电室有防水、防鼠措施，安装挡鼠板，安全通道畅通，指示标志明显。

（6）根据《煤层气地面开发建设项目安全设施设计审查和竣工验收规范》第 4.6.2.6 条规定，中心处理站内工艺装置区、计量工作间等位于爆炸危险区域内的电气设备及照明均采用防爆电器，其选型、安装和电气线路的布置应符合 GB 50058 的规定。

（7）煤层气企业自控系统及通信应符合下列要求：

①煤层气井场控制系统应将井场有关数据及状态信息送至所属站场监控室，实现井场无人值守和远程监控；井场应设置 1 套远程终端；远程终端宜与通信、监控设施共用控制箱（柜）。远程终端安装于现场，防护等级应不低于 IP55。置于防爆区域内时，防爆等级应符合 GB 50058 的规定，一般不宜低于 dIIBT4。在当地最低、最高极限温度环境下能正常工作。

②站场监控系统至少应具有以下功能：

a）对站内与所辖井场的工艺参数进行数据采集、处理。

b）动态工艺流程显示。

c）实时和历史数据的存储、归档、管理以及趋势图显示。

d）PID 控制、批量控制、逻辑控制和紧急停车。

e）计量管理。

f）报警、事件管理及报表的自动生成打印。

g）站场可燃（有毒）气体、火灾报警和安全状况监视。

h）经通信接口与第三方的监控系统或智能设备交换信息。

i）为上一级计算机控制系统提供有关数据并接受其调度指令。

③火气系统（F&GS）设置符合下列规定：

a）火灾检测、报警设备应具有 CCCF 认证。

b）系统应实现火灾和可燃气体浓度检测报警，火灾时能及时触发 ESD（DCS）系统，能启动消防系统，或发送消防报警及救护信号。

c）与 ESD（DCS）系统应采用硬接线连接，与第三方智能设备或自带控制系统橇装设备的连接也应采用硬接线连接。

**【现场勘查主要要求】**

**1. 供配电**

（1）查现场，现场勘查时应查看“防雷装置检测报告”，确认防雷装置的接地电阻是否满足要求；现场检查工艺设备设施、供配电系统、自控及通信系统的防雷、防静电设施，包括设备主要建（构）筑物及工艺设备的避雷/接闪装置及其引下线、防雷防静电接地、防静电跨接、人体静电释放装置等，是否完整、有效。

（2）查现场，现场检查爆炸危险区域内供配电系统、自控及通信系统等是否按相应的防爆等级配备防爆设备、仪表。

（3）照明：现场照明设施是否齐全完整，满足现场作业对照度的要求；爆炸危险区域内照明设施应采用防爆型灯具。

**2. 自控及通信**

现场检查自控系统的设置，查看自控系统维护记录。站场监控系统功能是否齐全、符合要求；火气系统设置是否符合要求，相关报警装置是否齐全、有效；系统接线连接方式是否符合要求。

**3. 防腐及保温**

通过现场勘查，确认管道及设备设施的防腐设施的符合性；现场查看阴极保护系统的保护电位，是否处于标准要求的范围内。

钢制埋地集输管线采取防腐绝缘与阴极保护；管道阴极保护电位达不到规定要求的，经检测确认防腐层发生老化时，应及时安排防腐层大修；集气站的进出站两端管线，应加装绝缘接头；裸露或架空的管道应有良好的防腐绝缘层；带保温层的，应有良好的防水措施。

**4. 给排水及消防**

当单井平均产水量小于1立方米每天时，采出水处理站与集气站合建；单井平均产水量大于或等于1立方米每天且小于5立方米每天时，可与集气站合建或单独建设；单井平均产水量大于或等于5立方米每天时，建设独立采出水集输管网，分区域建设水处理站，集中处理；处理工艺包括沉淀、加药、过滤、蒸发、自然结冰等；一般情况下采出水不应排入GB 3838中规定的Ⅰ类、Ⅱ类水域；采出水中的污染物总量应受水体环境的控制。

现场查看消防设施检测报告，对井场、阀组件、站场的水灭火系统、灭火器配备情况进行检查；站内消防通道是否满足消防车救援的需要，是否设置环形消防车道或尽头式消防车道。

**5. 采暖及通风**

对仪表间、控制室等有温度要求的房间，应设置空调。

对压缩机房、燃气锅炉房、厨房等有可燃气体泄漏风险的房间，应设置防爆型通风设施；变配电间可采用空调或者通风设施降温。

**6. 建（构）筑物**

对于综合值班室、辅助设备间等建筑、设备设施的基础等构筑物，应通过现场检查等方式，检查其防火措施、抗震措施等的落实情况。

**7. 安全标识**

站场、井场应设置安全警示标志。在油罐区、井场明显处是否设置防火防爆安全警示标识；在排采井场大门或其他醒目处安装“严禁烟火”“穿戴劳动防护用品”等安全警示标志；站场的进口处设置明显的安全警示牌及进站须知，并对进入煤层气站的外来人员告知安全注意事项及逃生路线等。

**【评价报告编制要求】**

（1）评价报告应明确公用工程及辅助生产设施的评价范围，应至少包括供配电、自动化控制及安全监测报警、通信、给排水、消防等系统的设置，建

(构)筑物和安全警示标志的配置等内容。对于改建、扩建项目，应说明公用工程及辅助生产设施的界面，说明依托内容和新建内容。

(2)评价报告编制时，在《细则》附录“D.2.7 公用工程及辅助生产设施”中介绍建设项目的公用工程及辅助生产设施情况。对于改建、扩建项目，应说明公用工程及辅助生产设施的界面，说明依托内容和新建内容。

①供配电应检查供配电设置及运行状况，包括但不限于以下内容：

a)站场供电系统配置情况，主要包括地方电网相关变电站（电源点）概况，压气站变电站概况（电压等级、电源联络线路参数、变压器容量、压缩机容量及启动方式等）。

b)站场、阀室电源配置、负荷以及应急或备用电源（含消防用电）的配置情况。

c)变电站（所）的继电保护及电气监控系统的配置情况。

d)爆炸危险区域划分和相关电气设备、电力电缆采取的防火、防爆措施。

e)各站场、阀室防雷、防静电保护措施。

f)主要电气设备统计。

g)采用属于国家明令禁止、淘汰的电气设备情况。

②自控系统：应检查自控系统设置及运行状况，包括但不限于以下内容：

a)数据采集与监视控制（SCADA）系统。

b)基本过程控制系统（BPCS）。

c)安全仪表系统（SIS）。

d)管道泄漏检测系统。

e)可燃（有毒）气体检测系统及火灾自动报警系统。

f)站控制室的设置。

g)其他安全措施。

③通信系统应检查通信系统设置及运行状况，包括但不限于以下内容：

a)数据传输。

b)安全防范系统。

c)电子巡查及巡检系统。

d)防雷、防静电接地。

e）光缆防护。

④防腐与保温应检查管道防腐与保温设置及运行状况，包括但不限于以下内容：

a）管道外防腐层及保温层材料和补口方式，站内管道及设备防腐、保温，大型容器和储罐内、外壁的防腐、保温措施。

b）线路阴极保护站分布、数量、供电方式和设置情况，牺牲阳极材料的选用、分布情况。

c）站场区域阴极保护系统构成，阳极类型及材料，设置点的布置，阴极保护测试记录等。

d）管道沿线杂散电流干扰防护方案的落实情况。

⑤采暖通风应检查通风、供热设施或外接热源等设置及运行状况。

（3）评价报告编制时，在《细则》附录“D. 2. 8 消防工程”中介绍建设项目的消防工程情况，应说明站场、阀组、井场的灭火器配备情况，说明站场水消防系统的水源、供电电源、消防泵房、消防供水管道、消火栓等的设置情况及试运转情况，说明消防验收情况。对于改建、扩建项目，应说明公用工程及辅助生产设施的界面，说明依托内容和新建内容。

（4）评价报告编制时，在《细则》附录“D. 2. 9 主要建（构）筑物”中介绍建设项目的主要建（构）筑物情况，以列表情况说明主要建（构）筑物的设置、抗震设防烈度、抗震设防分类、抗震等级、耐火等级、特殊地质条件站场的建（构）筑物地基处理等情况。

（5）评价报告编制时，在《细则》附录“D. 6. 6 公用工程及辅助生产设施单元”中，主要采用安全检查表法对公用工程及辅助生产设施单元，依据相关法律法规、标准规范进行符合性评价。

（1）报告应将《细则》附录 C 中表 C“六、公用工程及辅助生产设施单元”的安全检查表列入，编制人员可根据煤层气建设项目实际情况适当增加检查内容，但检查内容不应少于检查表要求内容，不涉及项填写“不涉及”，涉及项逐项填写检查记录，对照检查内容提出存在的问题，明确整改措施建议。

（2）报告应明确给出公用工程及辅助生产设施单元是否符合要求、各项措施是否落实到位的结论，明确给出公用工程及辅助生产设施单元是否达到安全验收条件。对于评价发现的问题隐患，应在问题隐患整改完成后再作出安全管理是否满足建设项目安全运营需求的结论。

【原文】4.6.4 安全管理的符合性评价：评价安全管理机构设置是否合理，全员安全生产责任制是否建立，安全生产管理规章制度是否完善，安全教育培训是否符合要求，特殊工种作业人员是否配备齐全，特种设备作业人员是否持证上岗，事故隐患排查治理是否及时有效，事故应急预案与应急救援管理是否适应建设项目的特点和安全生产的需要，职业健康卫生与劳动安全防护用品的配备、使用和管理是否完善。

**1. 评价安全管理机构设置是否合理**

根据《煤层气地面开采安全规程（试行）》第四条规定，煤层气企业应当建立安全生产管理机构，配备相应的专职安全生产管理人员。

根据《中华人民共和国安全生产法》第二十四条规定，矿山应当设置安全生产管理机构或者配备专职安全生产管理人员。根据《中华人民共和国安全生产法释义》第二十一条，矿山是从事危险性比较大的单位，必须在单位内成立专门从事安全生产管理工作的机构或者配备专职的人员从事安全生产管理工作。这里讲的"安全生产管理机构"，是指生产经营单位内部设立的专门负责安全生产管理事务的独立的部门；"专职安全生产管理人员"，是指在生产经营单位中专门负责安全生产管理、不再兼任其他工作的人员。

**【现场勘查主要要求】**

现场勘查中应查看并收集煤层气企业的安全管理机构设置文件、安全生产管理人员台账及安全生产管理人员培训合格证明，重点检查：

（1）企业是否设置专门的安全生产管理机构，安全生产管理组织机构及人员的职责是否明确。

（2）安全生产管理人员是否为专职，是否经过专门安全培训并考核合格。

**2. 全员安全生产责任制是否建立**

根据《中华人民共和国安全生产法》第四条规定，生产经营单位必须建立健全全员安全生产责任制和安全生产规章制度；第二十二条规定，生产经营单位的全员安全生产责任制应当明确各岗位的责任人员、责任范围和考核标准等内容。

根据国务院安委会办公室《关于全面加强企业全员安全生产责任制工作的通知》（安委办〔2017〕29 号）第三条规定，企业要结合企业自身实际，明确从主要负责人到一线从业人员（含劳务派遣人员、实习学生等）的安全生产责任、责任范围和考核标准；安全生产责任制应覆盖本企业所有组织和岗位，其责任内容、范围、考核标准要简明扼要、清晰明确、便于操作、适时更新；第四条规定，企业要对全员安全生产责任制进行长期公示；第五条规定，企业要对全员安全生产责任制进行培训；第六条规定，企业要建立健全安全生产责任制管理考核制度，对全员安全生产责任制落实情况进行考核管理。

煤层气地面开采建设项目应建立全员安全生产责任制，明确企业各级人员的安全生产责任，包括各级领导、各职能部门、管理人员及各生产岗位的安全生产责任、权利和义务等内容。安全生产责任制的核心是清晰责任界面，解决“谁来管、管什么、怎么管、承担什么责任”的问题，它是安全生产规章制度建立的基础。其他安全生产规章制度，重点是解决“干什么，怎么干”的问题。

**【现场勘查主要要求】**

现场勘查中应查看煤层气建设项目运营单位的全员安全生产责任制，重点检查：

（1）安全生产责任制，是否经过主要负责人审批，是否以正式文件下发。

（2）企业是否对全员安全生产责任制进行了公示、教育培训和考核管理。

（3）每项责任制是否包含责任人员、责任范围和考核标准等内容，岗位安全生产责任是否与岗位责任相匹配。

（4）安全生产责任制是否覆盖所有部门、所有岗位。

（5）是否建立了责任制考核标准。

**3. 安全生产管理规章制度是否完善**

1）安全生产管理制度的基本要求

根据《煤层气地面开采安全规程（试行）》第四条规定，煤层气企业应当建立健全安全管理制度。安全管理制度应满足下列规定：

（1）符合相关法律、法规、规章、规程和标准。

（2）内容具体，责任明确，能够对照执行和检查，严格管理措施，有针对性、可操作性。

(3) 对违反制度的各行为有明确、具体的处罚措施和责任追究办法。

(4) 所引用的依据及适用范围和时间明确，表述规范，条款清晰，能确保相关人员了解和掌握。

(5) 以正式文件发布，并确保其能够约束涉及的部门和人员。

2) 安全生产管理制度的基本原则

(1) 主要负责人负责的原则。《中华人民共和国安全生产法》规定，生产经营单位的主要负责人对本单位安全生产工作负有建立健全本单位安全生产责任制；组织制定本单位安全生产规章制度和操作规程的职责。

(2) 系统性原则。安全风险来自生产、经营活动过程中，按照安全系统工程原理，安全生产规章制度的建立应该涵盖生产经营的全过程（即横向到边）、全体员工（即纵向到底）。具体包括：规划设计、建设安装、生产调试、生产运行、技术改造和设备维修等设备设施管理；生产经营活动的每个环节、每个岗位和每个人等人员管理；安全标志、作业环境和职业卫生等环境管理。

(3) 规范化和标准化原则。建立安全生产规章制度遵循起草、审核、发布、教育培训、执行、反馈和持续改进的组织管理程序。做到目的明确，流程清晰，标准准确，具有可操作。

3) 煤层气企业安全生产管理制度

(1) 根据《非煤矿矿山企业安全生产许可证实施办法》，煤层气企业应制定安全检查制度、职业危害预防制度、安全教育培训制度、生产安全事故管理制度、重大危险源监控和重大隐患整改制度、设备安全管理制度、安全生产档案管理制度、安全生产奖惩制度等规章制度。

(2) 根据《中华人民共和国安全生产法》第四十一条，煤层气企业应当建立安全风险分级管控制度、事故隐患排查治理制度。

(3) 根据《煤层气地面开采安全规程（试行）》有关规定，煤层气企业应当建立施工方案审查制度，劳动防护用品配备、使用和管理制度，设备管理专人负责制度，爆炸物品运输和使用、爆炸器材存储和销毁、废旧爆炸物品安全销毁的管理制度，放射源的使用档案及领用、保管制度。

4) 操作规程

煤层气企业要制定各工种操作规程。操作规程要涵盖从进入操作现场、操作准备到操作结束和离开操作现场全过程的各个操作环节。要分别制定各工种的岗位操作规程，明确各工种、岗位对操作人员的基本要求、操作程序和标准，明确违反操作程序和标准可能导致的危险和危害。

**【现场勘查主要要求】**

现场勘查中应查看并收集煤层气建设项目运营单位的安全生产管理规章制度及安全操作规程，重点检查：

（1）安全生产管理规章制度是否符合《中华人民共和国安全生产法》《非煤矿矿山企业安全生产许可证实施办法》《煤层气地面开采安全规程（试行）》等的要求、有无漏项。

（2）规章制度的内容是否有针对性，是否覆盖煤层气开采的主要安全风险，是否与实际“两张皮”。

（3）操作规程是否覆盖各工种、岗位，规程的内容是否覆盖作业前、作业中、作业后，是否能够指导员工正确操作。

（4）规程制度及操作规程的执行情况，是否执行到位。

**4. 安全教育培训是否符合要求**

（1）根据《煤层气地面开采安全规程（试行）》第六条规定，煤层气企业应当制定安全生产教育和培训计划，对从业人员进行安全生产教育和培训，保证从业人员具备必要的安全生产知识，熟悉有关的安全生产规章制度和安全操作规程，掌握本岗位的安全操作技能。未经安全生产教育和培训合格的从业人员，不得上岗作业。

（2）根据《中华人民共和国安全生产法》第二十八条规定，生产经营单位使用被派遣劳动者的，应当将被派遣劳动者纳入本单位从业人员统一管理，对被派遣劳动者进行岗位安全操作规程和安全操作技能的教育和培训。

（3）煤层气企业开展的安全教育培训应符合《生产经营单位安全培训规定》要求，新上岗的从业人员安全培训时间不得少于72学时，每年再培训的时间不得少于20学时。应建立健全从业人员安全培训档案，详细、准确记录培训考核情况。

**【现场勘查主要要求】**

现场勘查中应查看并收集煤层气建设项目运营单位的从业人员安全培训记

录。重点检查：

（1）主要负责人、安全生产管理人员、其他从业人员等接受培训的内容及学时是否符合《生产经营单位安全培训规定》要求。

（2）安全培训的考核情况，是否有假培训，是否存在未经安全培训合格的从业人员上岗作业的情况。

（3）通过现场座谈等方式检查从业人员是否具备必要的安全生产知识（熟悉有关的安全生产规章制度和安全操作规程，掌握本岗位的安全操作技能，了解事故应急处理措施，知悉自身在安全生产方面的权利和义务等）。

（4）安全培训计划是否由本单位主要负责人组织制定，计划内容是否符合要求，计划是否执行到位。

（5）安全培训对象是否覆盖全员，包括劳务派遣工和外包单位人员。

**5. 特殊工种作业人员是否配备齐全**

（1）《中华人民共和国安全生产法》第二十七条规定，生产经营单位的特种作业人员必须按照国家有关规定经专门的安全作业培训，取得相应资格，方可上岗作业。煤层气企业的特种作业人员，应当按照有关规定经专门的安全作业培训，取得特种作业操作资格证书，方可上岗作业。

（2）煤层气企业特种作业的范围应符合特种作业目录。依据《中华人民共和国安全生产法》第三十条第二款规定，特种作业人员的范围由国务院应急管理部门会同国务院有关部门确定。根据《特种作业人员安全技术培训考核管理规定》附件“特种作业目录”和《关于做好特种作业（电工）整合工作有关事项的通知》（安监总人事〔2018〕18 号），特种作业范围包括电工作业、焊接与热切割作业、高处作业、制冷与空调作业、煤矿安全作业、金属非金属矿山安全作业、石油天然气安全作业、冶金（有色）生产安全作业、危险化学品安全作业、烟花爆竹安全作业等 11 个类别 54 个操作项目（工种）。

（3）根据《特种作业人员安全技术培训考核管理规定》第二十一条，特种作业操作证每 3 年复审 1 次。特种作业人员在特种作业操作证有效期内，连续从事本工种 10 年以上，严格遵守有关安全生产法律法规的，经原考核发证机关或者从业所在地考核发证机关同意，特种作业操作证的复审时间可以延长至每 6 年 1 次。

【现场勘查主要要求】

查资料和现场，应查看并收集特种设备作业人员定员配置、教育培训、持证上岗情况。重点检查以下内容：

（1）结合企业岗位及作业工种判断涉及特种作业的工种是否都按特种作业人员管理。

（2）特种作业人员是否都经过了专业培训并持证上岗。

（3）检查特种作业人员证是否在有效期内，是否定期复审。

**6. 特种设备作业人员是否持证上岗**

（1）根据《特种设备安全监察条例》（国务院令第549号）规定，特种设备是指涉及生命安全、危险性较大的锅炉、压力容器（含气瓶）、压力管道、电梯、起重机械、客运索道、大型游乐设施和场（厂）内专用机动车辆。

（2）特种设备作业人员是指锅炉、压力容器、电梯、起重机械、客运索道、大型游乐设施、场（厂）内专用机动车辆的作业人员及其相关管理人员。特种设备作业人员应当按照国家有关规定经特种设备安全监督管理部门考核合格，取得国家统一格式的特种作业人员证书，方可从事相应的作业或者管理工作。

（3）《特种设备作业人员证》与《特种作业操作证》是两种不同的证件，特种设备作业人员证由特种设备安全监督管理部门颁发，特种作业操作证由应急管理部门颁发。特种设备作业人员作业种类与项目目录由国家市场监督管理总局统一发布，特种作业的目录由应急管理部统一发布。

【现场勘查主要要求】

现场勘查中应查看并收集特种设备作业人员定员配置、教育培训、持证上岗情况，重点检查以下内容：

（1）企业特种设备的操作人员及管理人员是否都经过了专业培训并持证上岗。

（2）检查特种作业人员证是否在有效期内，是否定期复审。

**7. 事故隐患排查治理是否及时有效**

（1）依据《中华人民共和国安全生产法》第四十一条规定，生产经营单位应当建立健全并落实生产安全事故隐患排查治理制度，采取技术、管理措施，及时发现并消除事故隐患。事故隐患排查治理情况应当如实记录，并通过职工大会或者职工代表大会、信息公示栏等方式向从业人员通报。其中，重大事故隐患排查治理情况应当及时向负有安全生产监督管理职责的部门和职工大会或者职工代表大会报告。第四十六条规定，生产经营单位的安全生产管理人员应当根据本单位的生产经营特点，对安全生产状况进行经常性检查；对检查中发现的安全问题，应当立即处理；不能处理的，应当及时报告本单位有关负责人，有关负责人应当及时处理。检查及处理情况应当如实记录在案。

（2）煤层气企业应根据自身实际情况，建立隐患排查治理的管理制度，并按照本单位制度管理程序进行审批，以正式文件发布实施。煤层气企业在隐患排查治理管理制度中，应明确责任部门、主要负责人、各级管理人员到从业人员的责任、排查方法、范围、记录、监控、治理、报告、销账等内容，实现隐患排查、登记、整改、评价、销账、报告的闭环管理。

（3）煤层气企业组织隐患排查的范围必须包括煤层气地面开采相关的所有场所、环境、人员、设备设施和所有作业及管理活动等，不能存在盲区和死角。要保证隐患排查的范围足以覆盖其可能藏身的所有地点和过程，隐患排查要做到“全员、全过程、全方位”。

（4）煤层气企业应对排查出的事故隐患进行分析评估，确定等级。按照事故隐患的等级进行登记。煤层气企业必须建立隐患排查治理登记台账，台账包括隐患发现的时间、内容、存在的部位、等级、整改时限、责任人等相关内容。

（5）对于能够立即整改的一般事故隐患，由企业有关人员根据职责分工立即整改。对于难以做到立即整改的，企业有关负责人应组织相关部门及人员限期整改，并做好隐患治理方案。

（6）重大事故隐患，需要由企业主要负责人组织制定并实施事故隐患治理方案。重大事故隐患治理方案应当包括以下内容：治理的目标、采取的方法和措施、经费和物资的落实、负责治理的机构和人员、治理的时限和要求、安全措施和应急预案。

（7）隐患治理完成后，煤层气企业应按本单位制度要求进行验收、销号。

（8）开展安全评价时，应重点排查法规、规章中列举的重大安全隐患，报告中明确给出建设项目是否存在重大安全隐患的结论。根据《矿山安全评价检测检验监督管理办法（试行）》，评价期间，矿山存在法规、规章中列举的重大事故隐患，评价报告未做评价的，属于失实报告。存在法规、规章中列举的重大事故隐患，未消除或者未采取有效的管控措施，故意隐瞒且影响评价结论的，属于虚假报告。

**【现场勘查主要要求】**

查资料和现场，应查看并收集项目建设、试运转期间安全检查记录。重点检查以下内容：

（1）事故隐患排查制度内容是否完善。

（2）是否按隐患管理制度规定的频次及内容开展排查，排查范围是否全覆盖。

（3）隐患分级是否符合要求，是否按要求建立台账。

（4）排查出的事故隐患是否及时整改，不能立即整改的是否制定方案限期整改，隐患整改完成后是否按要求验收、销号。

（5）现场核实已整改的隐患是否真正整改彻底。

### 8. 事故应急预案与应急救援管理是否适应建设项目的特点和安全生产的需要

（1）根据《中华人民共和国安全生产法》第八十二条规定，煤层气企业应当建立应急救援组织；配备必要的应急救援器材、设备和物资，并进行经常性维护、保养，保证正常运转。

①煤层气企业应制定应急救援体系或应急管理组织机构文件，明确机构内部各成员的分工、职责以及事故应急救援中的其他事项，配备的安全生产应急管理专、兼职人员在数量、专业知识、业务能力等方面要适应本单位安全生产应急管理工作的需要。

②煤层气企业应根据应急预案的要求以及事故应急处置的需要确定应急物资和装备的类型、数量和性能，并建立相应的储备。应制定应急物资和装备管理制度，对应急物资和装备的采购、保管、维护、使用等环节作出规定；对应急设施、装备和物资进行经常性的检查并对检查情况登记在案，对应急设施、装备和物资进行定期维护、保养，确保其处于完好的使用状态。

（2）《中华人民共和国安全生产法》第八十一条规定，生产经营单位应当制定本单位生产安全事故应急救援预案，并定期组织演练。煤层气企业主要负责人组织制定并实施本单位生产安全事故应急救援预案。煤层气企业安全生产管理机构以及安全生产管理人员组织或者参与拟订本单位生产安全事故应急救援预案，组织或者参与本单位应急救援演练。

（3）生产安全事故应急预案的编制应符合《生产经营单位安全生产事故应急预案导则》，应急预案编制组织方式、评审、修订、备案、发布及评估应符合《生产安全事故应急预案管理办法》（2019 年应急管理部令第 2 号修正）。

①应急预案评审应符合《生产安全事故应急预案管理办法》第二十一条至第二十三条规定要求。应急预案的评审要形成书面评审纪要。参加应急预案评审的人员应当包括有关安全生产及应急管理方面的专家。评审人员与所评审应急预案的生产经营单位有利害关系的，应当回避。应急预案的评审或者论证应当注重基本要素的完整性、组织体系的合理性、应急处置程序和措施的针对性、应急保障措施的可行性、应急预案的衔接性等内容。

②应急预案备案应符合《生产安全事故应急预案管理办法》第二十六条规定。煤层气企业应当在应急预案公布之日起 20 个工作日内，按照分级属地原则，向县级以上人民政府应急管理部门和其他负有安全生产监督管理职责的部门进行备案，并依法向社会公布。

③应急预案修订应符合《生产安全事故应急预案管理办法》第三十六条规定有下列情形之一的，应急预案应当及时修订并归档：依据的法律、法规、规章、标准及上位预案中的有关规定发生重大变化的；应急指挥机构及其职责发生调整的；安全生产面临的风险发生重大变化的；重要应急资源发生重大变化的；在应急演练和事故应急救援中发现需要修订预案的重大问题的；编制单位认为应当修订的其他情况。

④根据《煤层气地面开采安全规程（试行）》，在含硫化氢环境中进行生产作业时，煤层气企业应当制定防硫化氢应急预案。

⑤煤层气企业应每三年按照《生产经营单位生产安全事故应急预案评估指南》（AQ/T 9011）进行一次应急预案评估。

（4）煤层气企业每年应至少组织一次综合应急预案演练或者专项应急预案演练，每半年至少组织一次现场处置方案演练，并将演练情况报送所在地县级以上地方人民政府负有安全生产监督管理职责的部门。应急演练应按照《生产安全事故应急演练基本规范》（AQ/T 9007）组织开展。应急预案演练结束后，应当对应急预案演练效果进行评估，应急演练评估应符合《生产安全事故应急演练评估规范》（AQ/T 9009）要求，撰写应急预案演练评估报告，分析存在的问题，并对应急预案提出修订意见。应急演练计划、方案、记录和总结评估报告等资料归档保存。

**【现场勘查主要要求】**

查资料和现场，应查看并收集安全生产事故应急救援预案及其备案文件，应急演练计划及演练记录等。重点检查：

（1）应急管理组织机构及职责是否建立健全。

（2）应急装备、物资是否全面、足够。

（3）应急预案是否覆盖了建设项目危险有害因素，编制内容是否符合 GB/T 29639 的要求。

（4）应急预案评审是否符合要求，是否由本单位主要负责人签署发布。

（5）应急预案是否在建设项目所在地进行备案。

（6）应急预案是否及时修订。

（7）应急演练频次及演练内容是否满足《生产安全事故应急预案管理办法》等有关要求及生产实际需要。

（8）应急演练记录、评估报告是否按要求存档。

**9. 职业健康卫生与劳动安全防护用品的配备、使用和管理是否完善**

1）职业卫生管理

根据《工作场所职业卫生管理规定》（国家卫健委令第 5 号）第八条规定，劳动者超过一百人的煤层气企业，应当设置或者指定职业卫生管理机构或者组织，配备专职职业卫生管理人员；劳动者在一百人以下的煤层气企业，应当配备专职或者兼职的职业卫生管理人员，负责本单位的职业病防治工作。

根据《工作场所职业卫生管理规定》第十一条规定，存在职业病危害的用人单位应当制定职业病危害防治计划和实施方案，建立健全下列职业卫生管理制度和操作规程：①职业病危害防治责任制度；②职业病危害警示与告知制度；③职业病危害项目申报制度；④职业病防治宣传教育培训制度；⑤职业病防护设施维护检修制度；⑥职业病防护用品管理制度；⑦职业病危害监测及评价管理制度；⑧建设项目职业病防护设施“三同时”管理制度；⑨劳动者职业健康监护及其档案管理制度；⑩职业病危害事故处置与报告制度；⑪职业病危害应急救援与管理制度；⑫岗位职业卫生操作规程；⑬法律、法规、规章规定的其他职业病防治制度。

2）劳动保护用品配备、使用、管理

根据《中华人民共和国职业病防治法》第二十二条规定，煤层气企业必须采用有效的职业病防护设施，并为劳动者提供个人使用的职业病防护用品。煤层气企业为劳动者个人提供的职业病防护用品必须符合防治职业病的要求；不符合要求的，不得使用。

煤层气企业应当为从业人员提供符合国家标准或者行业标准的劳动防护用品，劳动防护用品的配备应符合《个体防护装备选用规范　第1部分：总则》（GB/T 39800.1）、《个体防护装备选用规范　第2部分：石油、化工、天然气》（GB/T 39800.2）和《石油天然气作业场所劳动防护用品配备规范》（SY/T 6524）等标准规范要求。

3）放射源管理

根据《中华人民共和国职业病防治法》第二十五条规定，对放射工作场所和放射性同位素的运输、贮存，必须配置防护设备和报警装置，保证接触放射线的工作人员佩戴个人剂量计。根据《煤层气地面开采安全规程（试行）》第九十五条规定，煤层气企业应当定期对从事放射性工作的人员进行个人剂量监测和职业健康检查，建立个人剂量档案和职业健康监护档案。如被确认为放射损伤者，煤层气企业应当将其调离放射性工作并及时治疗。

4）职业健康检查

根据《工作场所职业卫生管理规定》第三十条规定，对从事接触职业病危害因素作业的劳动者，煤层气企业应当按照《用人单位职业健康监护监督管理办法》《放射工作人员职业健康管理办法》《职业健康监护技术规范》（GBZ 188）和《放射工作人员职业健康监护技术规范》（GBZ 235）等有关规定组织上岗前、在岗期间、离岗时的职业健康检查，并将检查结果书面如实告知劳动者。期间，职业健康检查费用由煤层气企业承担。

5）职业卫生培训

根据《中华人民共和国职业病防治法》第三十四条规定，煤层气企业应当对劳动者进行上岗前的职业卫生培训和在岗期间的定期职业卫生培训，普及职业卫生知识，督促劳动者遵守职业病防治法律、法规、规章和操作规程。

根据《煤层气地面开采安全规程（试行）》第十八条规定，煤层气企业应当对从业人员进行劳动防护用品使用的培训，指导、教育从业人员正确佩戴和使用劳动防护用品。

**【现场勘查主要要求】**

现场勘查中应查看并收集劳动安全防护用品的配备、使用和管理情况，劳动安全防护用品检验检测报告等。重点检查以下内容：

（1）检查煤层气企业是否根据企业规模设置或者指定职业卫生管理机构或者组织，是否配备专职或兼职职业卫生管理人。

（2）煤层气企业是否根据《工作场所职业卫生管理规定》第十一条规定，建立健全相关职业卫生管理制度和操作规程。

（3）劳动防护用品的配备是否满足作业过程中劳动防护的需要，发放种类、周期等是否符合国家、行业标准规范规定。

（4）劳动防护用品是否按要求定期检验检测、是否处于有效期内。

（5）煤层气企业是否按照规定组织劳动者进行岗前、在岗和离岗时进行职业健康检查，是否将检查结果如实告知劳动者。

（6）煤层气企业是否组织劳动者开展岗前和在岗时定期的培训工作，劳动者是否正确穿戴劳动防护用品。

（7）放射源管理是否符合国家有关规定，从事放射性工作的人员是否进行个人剂量监测和职业健康检查，是否建立个人剂量档案和职业健康监护档案。

**10. 安全费用**

（1）根据财政部办公厅、应急管理部《企业安全生产费用提取和使用管理办法》（财资〔2022〕136号）第十三条规定，煤层气（地面开采）企业安全生产费用参照陆上采油（气）企业执行。

（2）陆上采油（气）、海上采油（气）企业依据当月开采的石油、天然气产量，于月末提取企业安全生产费用。其中，每吨原油20元，每千立方米原气7.5元。钻井、物探、测井、录井、井下作业、油建、海油工程等企业按照项目或工程造价中的直接工程成本的2%逐月提取企业安全生产费用。工程发包单位应当在合同中单独约定并及时向工程承包单位支付企业安全生产费用。

（3）煤层气企业安全生产费用应当用于以下支出：

①完善、改造和维护安全防护设施设备支出（不含“三同时”要求初期投入的安全设施），包括油气井（场）、管道、站场、海洋石油生产设施、作业设施等设施设备的监测、监控、防井喷、防灭火、防坍塌、防爆炸、防泄漏、防腐蚀、防颠覆、防漂移、防雷、防静电、防台风、防中毒、防坠落等设施设备支出。

②事故逃生和紧急避难设施设备的配置及维护保养支出，应急救援器材、设备配置及维护保养支出，应急救援队伍建设、应急预案制修订与应急演练支出。

③开展重大危险源检测、评估、监控支出，安全风险分级管控和事故隐患排查整改支出，安全生产信息化、智能化建设、运维和网络安全支出。

④安全生产检查、评估评价（不含新建、改建、扩建项目安全评价）、咨询、标准化建设支出。

⑤配备和更新现场作业人员安全防护用品支出。

⑥安全生产宣传、教育、培训和从业人员发现并报告事故隐患的奖励支出。

⑦安全生产适用的新技术、新标准、新工艺、新装备的推广应用支出。

⑧安全设施及特种设备检测检验、检定校准支出。

⑨野外或海上作业应急食品、应急器械、应急药品支出。

⑩安全生产责任保险支出。

⑪与安全生产直接相关的其他支出。

（4）《企业安全生产费用提取和使用管理办法》第四十七条规定，企业提取的安全生产费用从成本（费用）中列支并专项核算。企业安全生产费用支出应当取得发票、收据、转账凭证等真实凭证。本企业职工薪酬、福利不得从企业安全生产费用中支出。企业安全生产费用年度结余资金结转下年度使用。

**【现场勘查主要要求】**

现场勘查中应查看并收集煤层气企业安全生产费提取情况、使用计划及其执行情况，重点检查以下内容：

（1）是否按《企业安全生产费用提取和使用管理办法》要求的比例计提安全生产费用。

（2）是否制定安全生产费使用计划并按计划执行。

（3）安全生产费是否在《企业安全生产费用提取和使用管理办法》规定的范围内使用。

**【评价报告编制要求】**

（1）评价报告应明确安全管理的评价范围，应至少包括安全管理组织机构建立及安全管理人员配备、安全生产责任制、安全生产管理规章制度及安全操作规程、安全培训（员工、特种作业人员、特种设备作业人员等）、安全检查、应急管理、劳动防护用品、职业危害因素监测、安全投入等内容。

（2）评价报告编制时，在《细则》附录“D. 2. 10 安全管理”中介绍建设项目的安全管理情况。对于涉及多个运营单位的建设项目，应分别介绍。评价报告中“安全管理”章节至少介绍说明以下内容：

①说明建设项目的定员编制情况，一般应涵盖站/队定员、巡线定员、维抢修定员、其他应涉及的定员等。

②建设项目运营单位的安全管理组织机构、专兼职安全管理人员配备及培训情况。建议安全管理组织机构附组织机构图，安全管理人员应列表说明姓名、单位、职务、取证情况及其有效期等信息，并将安全管理组织机构成立、安全管理人员任命文件，主要负责人及安全管理人员的安全培训合格证作为评价报告附件。如果建设项目依托原有管理机构，应说明所依托管理机构原定员编制和安全管理人员配备情况，以及新增定员编制和安全管理人员情况。

③安全生产责任制，概述建设项目运营单位安全生产责任制的建立及发布情况，并将安全生产责任制目录作为评价报告附件。

④安全生产管理规章制度及安全操作规程，概述建设项目运营单位安全生产管理规章制度及安全操作规程的建立及发布情况，并将安全生产管理规章制度及安全操作规程目录作为评价报告附件。

⑤安全培训情况，概述建设项目运营单位各级人员安全培训情况，列表说明涉及的特种作业人员、特种设备作业人员的培训取证情况，并将特种作业人员证、特种设备作业人员证作为报告附件。

⑥应急管理情况，概述建设项目运营单位应急管理机构设置情况，列表说明建设项目应急救援装备物资的配备情况，概述生产安全事故应急预案编制、

审批、发布及备案情况，概述应急培训及应急演练情况，将应急预案目录及代表性应急演练记录作为报告附件。

⑦劳动安全防护用品的配置、使用和管理情况，概述劳动安全防护用品的配置、使用和管理情况，可列表说明，并将劳动防护用品的检验检测报告作为报告附件。

⑧安全投入情况，列表说明安全投入情况。

（3）评价报告编制时，在《细则》附录“D.6.7 安全管理单元”中，主要采用安全检查表法对煤层气建设项目运营单位安全管理情况，依据《中华人民共和国安全生产法》等法律法规进行符合性评价。对于涉及多个运营单位的建设项目，应对其安全管理情况分别进行评价。

①报告应将《细则》附录 C 中表 C“七、安全管理”的安全检查表列入，编制人员可根据煤层气建设项目实际情况适当增加检查内容，但检查内容不应少于检查表要求内容，不涉及项填写“不涉及”，涉及项逐项填写检查记录，对照检查内容提出存在的问题，明确整改措施建议。

②报告应明确给出煤层气建设项目安全管理单元是否符合要求、各项措施是否落实到位的结论，明确给出安全管理单元是否满足建设项目安全运营需求。对于评价发现的问题隐患，应在问题隐患整改完成后再作出安全管理是否满足建设项目安全运营需求的结论。

**【原文】** 4.6.5 建设项目主体工程是否与批复的初步设计一致，较大变更是否履行了规定程序，修改的内容是否有利于提高项目的安全保障程度。检查安全设施、设备、装置是否已与主体工程同时设计、同时施工、同时投入生产和使用，评价其与安全设施设计、有关安全生产法律法规、标准规范的符合性和完善性，分析存在的不足和缺陷。

**【解读】**

（1）建设项目主体工程是否与批复的初步设计一致，较大变更是否履行了规定程序，修改的内容是否有利于提高项目的安全保障程度。

（2）依据《建设项目安全设施“三同时”监督管理办法》第十五条规定：已经批准的建设项目及其安全设施设计有下列情形之一的，生产经营单位应当报原批准部门审查同意；未经审查同意的，不得开工建设：

①建设项目的规模、生产工艺、原料、设备发生重大变更的。

②改变安全设施设计且可能降低安全性能的。

③在施工期间重新设计的。

(3) 在评价过程中，应核实建设项目主体工程是否与批复的初步设计一致，核实安全设施设计是否发生改变且降低安全性能的情况，核实是否存在施工期间重新设计的情况。若存在以上情况，应检查变更部分是否取得了原批准部门出具的重大变更审查意见书，并分析评价变更内容是否有利于提高项目的安全保障程度。

**【现场勘查主要要求】**

查资料，应通过座谈、查看变更文件、现场验证等方式对建设项目变更情况进行调查，判断建设项目主体工程是否与批复的初步设计一致，对于《建设项目安全设施“三同时”监督管理办法》等要求进行审查的安全设施变更，应检查安全设施变更的审查文件。

检查安全设施、设备、装置是否已与主体工程同时设计、同时施工、同时投入生产和使用，评价其与安全设施设计、有关安全生产法律法规、标准规范的符合性和完善性，分析存在的不足和缺陷。

对照建设项目安全设施设计，要现场检查核实安全设施、设备、装置是否与主体工程同时设计、同时施工、同时投入生产和使用；并对建设的安全设施、设备装置的完整性、有效性、可靠性进行评价，评价其与安全设施设计、有关安全生产法律法规、标准规范的符合性和完善性，分析存在的不足和缺陷，提出合理、可行的整改建议措施。

**【现场勘查主要要求】**

查资料和现场，应针对安全设施设计中提出的安全设施及措施的建设、试运转情况进行核查，是否存在现场与设计不符、不完整、不可靠或无效的安全设施及措施，是否符合有关安全生产法律法规、标准规范，分析存在的不足和缺陷并提出合理整改建议措施。

**【评价报告编制要求】**

(1) 评价报告编制时，在《细则》附录“D.3 安全设施设计”中介绍建设项目的安全设施设计情况。评价报告中“安全设施设计”章节至少介绍说明以下内容：

①安全设施设计概况，应说明建设项目安全设施设计单位的资质情况、安全设施设计的编制及审批情况，并将设计单位的资质文件、安全设施设计审批文件作为评价报告附件。

②安全设施、设备、装置等建设情况，安全设施应至少包括表2-2所列内容。

③项目建设变更及变更程序的履行情况，列表说明建设项目的主要设计变更，对于重大变更，应说明变更程序的履行情况，并将重大变更的审批文件作为报告附件。

(2) 评价报告编制时，在《细则》附录“D.6定性、定量评价”中增加一节“安全设施设计的落实情况”评价安全设施设计的落实情况，或者将安全设施设计的落实情况在《细则》附录“D.6定性、定量评价”各节中进行评价，明确给出安全设施设计中安全措施及设施是否全部落实，重大变更按规定履行变更程序的结论。安全设施设计落实情况的安全检查表样式见表2-3。

表2-2 主要安全设施清单

| 类别 | | 主要安全设施 |
|---|---|---|
| 安全防护 | 个体防护 | 头部防护（安全帽、面罩、耳塞、眼镜、口罩）和身体防护（工作服、手套、鞋）、空气呼吸器、洗眼器 |
| | 安全泄放设施 | 放空设施、安全阀、呼吸阀、流量开关阀等 |
| | 安全警示标志 | 危险区警示标志、“三桩”、逃生避难标志、风向标等 |
| | 雷电、静电防护 | 防雷设施、静电接地设施 |
| | 监控与数据采集（SCADA）系统 | 调控中心、站控、RTU、数据通信等 |
| 防火防爆 | 防火设施 | 阻火器、防液（火）堤、防火（爆）墙、防火门（窗）、防火涂料 |
| | 防爆设施设备 | 电气设备、风机、电磁阀、仪表、工器具、对讲机/移动电话 |

表2-2（续）

| 类别 | | 主要安全设施 |
|---|---|---|
| 检测报警 | 监测 | 地质灾害监测设施 |
| | 可燃（有毒）气体检测系统、火灾自动报警系统 | 火灾探测器、手动火灾报警按钮、火灾报警器、火灾报警控制器、火灾报警电话、可燃及有毒气体探测器等 |
| | 检测报警系统 | 就地检测仪表（温度、压力、流量、液位等） |
| | 安防系统 | 周界报警、视频监控、出入口控制设施 |
| | 电子巡查及巡检系统 | 电子巡查及巡检设施 |
| | 防腐与阴极保护 | 防腐层漏点检测仪、测试桩、阴极保护电位检测仪、去耦隔直装置、极性排流装置 |
| 应急处置 | 紧急处理设施 | 紧急切断阀、紧急放空阀、事故收集池 |
| | 安全仪表系统（SIS） | 紧急停车系统（ESD）、水击保护系统、压力保护系统、管道泄漏检测系统 |
| | 电气设施 | 应急电源（应急发电机、不间断电源）、应急照明、电气“五防”、继电保护系统 |
| | 应急装备及设施 | 抢修设施、堵漏器材、破拆器材、攀登器材、应急人员装备、防洪物资 |

注：安全设施包括但不限于本表列出的设施。

表2-3 安全检查表样式

| 序号 | 安全设施设计要求 | 现场检查记录 | 是否落实 |
|---|---|---|---|
| | | | |

## 2.4.7 安全对策措施建议

**【原文】**4.7.1 根据建设项目联合试运转情况、现场安全检查和评价的结果，对不符合设计要求，不满足安全生产法律法规和标准规范规定的生产系统、工艺、场所、设施和设备提出改进意见。

**【解读】** 此条款主要对煤层气地面开采建设项目现场安全方面的对策措施建议。建设项目安全验收评价的根本目的是保证项目建成投产后的安全生产，评价人员应根据建设项目联合试运转情况、现场安全检查情况、安全设施评价、安全生产合法性评价情况，分析建设项目是否潜存事故隐患，对于评价出的不符合设计要求、不满足安全生产法律法规有关要求的生产系统、工艺、场所、设施和设备提出具体改进意见。

**【评价报告编制要求】**

(1) 评价报告应根据联合试运转情况、现场安全检查和评价的结果，按划分的评价单元，逐单元对不符合要求的生产系统、工艺、场所、设施和设备提出改进意见。

(2) 评价报告提出的改进建议应具体，应紧密结合现场安全检查和各单元评价结果，应符合设计要求，具有可操作性和针对性，要技术可行，经济合理，能够将危险和危害达到消除、减弱或降低的目的。

**【原文】** 4.7.2 对不符合有关规定要求或不适合本建设项目特点的安全管理制度、机构设置及人员配置，存在的管理漏洞和不安全的管理行为，提出改进意见。

**【解读】** 此条款属于安全管理方面的对策措施建议。与《安全验收评价导则》第4.5条要求相比，此条进行了细化，结合煤层气企业特点，要求对安全管理制度、机构设置与人员配置，存在的管理漏洞和不安全的管理行为，提出改进意见。

**【评价报告编制要求】**

(1) 评价报告应根据安全管理单元检查情况，对不符合有关要求或不适合的安全管理制度、机构设置与人员配置，提出管理措施和建议。

(2) 评价报告应结合现场安全检查和各单元评价结果，对发现的管理漏洞和不安全的管理行为，提出管理措施和建议。

(3) 评价报告提出的措施和建议应具体，应紧密结合安全管理方面存在的问题，应具有可操作性和针对性，能够将危险和危害达到消除、减弱或降低的目的。

【原文】4.7.3 对可能导致重大事故发生或容易导致事故发生的危险、有害因素，提出针对性的安全技术措施与建议。

【解读】此条款是对危险有害因素方面的对策措施建议。评价人员要根据辨识的危险有害因素及危险度排序情况，对于可能导致重大事故发生或容易导致事故发生的危险有害因素，有针对性地提出安全技术措施和建议。

【评价报告编制要求】

（1）评价报告应根据辨识的危险有害因素及危险度排序情况，对于可能导致重大事故发生或容易导致事故发生的危险有害因素，有针对性地提出安全技术措施和建议。

（2）评价报告提出的措施和建议应具体、明确，应紧密结合辨识的危险有害因素及其危险度的排序情况。

【原文】4.7.4 提出的对策措施及建议应具体明确，具有可操作性。

【解读】此条款是对提出的对策措施的要求。

（1）《细则》要求对策措施应具体明确，具有可操作性。

①“具体”是指不抽象，不笼统，细节很明确。要求评价报告提出的对策措施不笼统，详细说明。

②“明确”是指清晰明白，要求评价报告编制单位提出措施清晰、明了。

③“可操作性”是指从具体的行为、特征、指标来描述变量的操作，将抽象的概念转化为可观察、可验证的项目。要求评价报告编制单位提出的措施不抽象，有具体的行为、特征和指标。

（2）根据《安全验收评价导则》，安全验收评价报告提出的对策措施建议还应当体现经济合理性，经济合理性与技术先进性的关系密切，后者是前者的基础。随着技术的进步，经济合理性的要求也会提高。旧的方案随时有可能被新的方案所替代。要求评价报告编制人员提出的措施建议要采用先进技术，满足经济合理要求。

（3）根据《矿山安全评价检测检验监督管理办法（试行）》，对策措施建议与被评价项目存在问题不符的，属失实报告。评价人员一定要注意所提出的对策措施建议的针对性，针对存在的问题提出针对性措施建议。

### 2.4.8 评价结论

**【原文】** 4.8.1 说明煤层气地面开采建设项目存在的主要危险、有害因素种类及其危险危害程度，应重点防范的重大危险、有害因素。

**【解读】** 此条款是主要危险有害因素的评价结论。《安全验收评价导则》第4.6条规定，安全验收评价结论应包括符合性评价的综合结果和评价对象运行后存在的危险、有害因素及其危险危害程度。《细则》除了要求给出危险有害因素及其危险危害程度，还提出要对危险有害因素的排序，找出重点应防范的风险，更具有针对性。

**【原文】** 4.8.2 明确评价对象是否存在重大危险源，若存在则说明其危害程度和危险等级。

**【解读】** 此条款是重大危险源的评价结论。《细则》要求根据4.3.3条款的辨识结果进行总结分析重大危险源情况，说明重大危险源的范围、等级，并说明其风险程度和安全防护距离。

**【原文】** 4.8.3 说明评价对象的主要安全问题和隐患，提出安全对策措施及建议。

**【解读】** 此条款是主要安全隐患的评价结论。《细则》中要求根据煤层气地面开采建设项目的安全检查情况、危险有害因素辨识情况总结本项目存在的主要安全问题和隐患，并提出安全对策措施建议。

**【原文】** 4.8.4 明确指出建设项目在评价条件下是否符合相关法律法规、标准、规章、规范的要求，与初步设计、安全设施设计是否一致，各评价单元是否安全可靠的安全验收评价结论。给出建设项目是否具备安全验收条件的明确意见，对暂达不到安全验收要求的建设项目，提出具体理由和整改措施建议。

**【解读】** 此条款是安全验收评价报告的最终结论要求。

(1)《细则》则对安全符合性应包括哪些内容从3个方面进行了说明，即建设项目在评价条件下是否符合相关法律法规、标准、规章、规范的要求，与初步设计、安全设施设计是否一致，各评价单元是否安全可靠的安全验收评价结论。这3个方面的评价结论是煤层气地面建设项目是否具备安全验收条件的依据。

（2）评价报告应对煤层气地面建设项目是否具备安全验收条件下明确结论，即具备或者不具备安全验收条件；对评价条件下不具备验收条件的，提出整改意见；煤层气企业按整改意见确定整改后，经复查确实整改合格的，可以下具备安全验收条件的结论；实在因条件不具备、难度太大或者不能在短期内整改合格的，提出不具备安全验收条件的结论。

（3）根据《矿山安全评价检测检验监督管理办法（试行）》，建设项目安全设施设计及其重大变更未经有关部门批准，或者安全设施验收评价报告中存在不符合验收要求的否决项，仍出具“合格”或者“符合安全生产条件”结论报告的，属于虚假报告。因此，安全评价单位在编制评价报告时，一定要高度重视安全验收评价结论，根据煤层气企业安全生产实际情况，给出客观的评价结论。

**【评价报告编制要求】**

（1）评价报告应说明煤层气地面开采建设项目主要危险、有害因素的辨识结果，并对危险有害因素进行排序，明确危险有害因素是否已经采取措施，是否得到了有效控制，明确需要重点防范的风险。

（2）评价报告根据重大危险源辨识结果总结分析本项目的重大危险源及其危害程度和危险等级情况。

（3）评价报告应根据安全检查情况、危险有害因素辨识情况总结本项目存在的主要安全问题和隐患，并提出安全对策措施建议。

（4）评价报告应给出建设项目是否符合相关法律法规、标准、规章、规范的要求，与初步设计、安全设施设计是否一致，各评价单元是否安全可靠的安全验收评价结论。给出建设项目是否具备安全验收条件的明确结论，对暂达不到安全验收要求的建设项目，提出具体理由和整改措施建议。

## 2.5 安全验收评价报告

### 2.5.1 安全验收评价报告编制的基本要求和主要内容

**【原文】** 5.1.1 评价报告应按照工作程序和内容，条理清晰，文字简洁、准确，全面、系统地反映安全验收评价的全部工作，提出安全对策措施及建议，给出安全验收评价结论，并附必要的反映建设项目建设情况的图表或照片。

**【解读】** 此条款具体细致地提出了安全验收评价报告的内容要求、文字和表达要求、对策措施要求、附图要求。

(1) 内容要求：全面、系统、概括地反映安全验收评价过程的全部工作，从接受委托到完成评价报告的全过程、全方面工作，在报告中均要有所体现。

(2) 文字表达要求：文字应简洁、准确，内容全面，条理清楚；要求评价报告编制人员具备较好的文字表达能力和业务水平，熟悉评价报告编制要求。

(3) 对策措施要求：评价报告编制人员能够根据建设项目的实际情况，提出具体、合理、可行的对策措施，措施能够指导煤层气地面开采项目提高安全生产管理水平。

(4) 附件要求：评价报告附件要结合《细则》附录 B，附反映建设项目建设情况等有关图表或照片，如总平面布置图、工艺流程图等各类图纸。

**【原文】** 5.1.2 评价报告应附实施安全验收评价人员名单和其他必要的附件等。

**【解读】** 此条款是对评价报告编制人员名单、附件等的要求。安全验收评价人员名单、在评价报告的著录项体现，包括安全评价人员姓名、证书编号等，名单应由评价人员亲笔签名确认，不得代签，应符合《细则》附录 F 的要求。安全评价人员应按附录 D 的要求附必要的附件。

根据《矿山安全评价检测检验监督管理办法（试行)》规定，伪造矿山安全评价机构公章，冒用他人名义或者允许他人冒用本人名义在安全评价报告或者原始记录中签名的，属于虚假报告。

**【原文】** 5.1.3 安全验收评价的数据、资料、现场勘查记录、检查结果记录和影像资料等可编入附录。

**【解读】** 此条款是对安全验收评价报告附录内容的要求。《细则》规定安全验收评价的数据、资料、现场勘查记录、检查结果记录和影像资料等可编入附录，如现场勘查结果、建设项目对隐患整改后的结果、评价人员现场照片等。

【原文】5.1.4 安全验收评价报告编制提纲按照附录 D 进行编写。

【解读】此条款为安全验收评价报告的编制提纲，明确了安全验收评价报告各章节的编制要求，评价报告编制单位应按照《细则》附录 D 要求规范编制安全验收评价报告。建设项目安全验收评价报告总体上要满足以下要求：

（1）依据要充分。报告应依据最新的法律法规、标准规范和要求。

（2）范围要具体。报告应具体指出煤层气地面开采建设项目总体、各个评价单元具体评价范围。

（3）方法要科学。报告应针对评价内容和煤层气企业实际明确采用的评价方法，并说明采用的理由。

（4）内容要全面。报告评价内容应符合《细则》附录 D 要求。

（5）结论要明确。报告应结合现场勘查及各单元评价结论，综合分析，给出煤层气地面开采建设项目是否具备安全验收条件的明确结论。

（6）建议要合理。报告应结合评价发现的问题，提出合理化改进要求和对策措施，措施应具有针对性和可操作性。

### 2.5.2 安全验收评价报告格式和载体

【原文】5.2.1 格式内容包括：封面（按照附录 E）、著录项（按照附录 F）、前言、目录、正文、附件、附录。

【解读】此条款提出了安全验收评价报告的格式内容要求，主要包括封面、著录项、前言、目录、正文、附件、附录 7 部分。

（1）封面应符合《细则》附录 E 要求，具体样式如图 2-1 所示。

①封面布局上部：第一行为煤层气地面开采建设项目所在地区、委托单位名称（二号宋体字加粗，可换行）；第二行为评价项目名称（二号宋体字加粗）；第三行为安全验收评价报告（一号黑体字加粗）。

②封面布局下部：第一行为安全评价单位名称（二号宋体字加粗）；第二行为评价报告完成日期（三号宋体字加粗）。

（2）著录项应符合《细则》附录 J 要求。

①著录项一般分两张布置：第一张分上下两部分，上部分为项目名称、项目规模，下部分署名安全评价报告编制单位的法定代表人（以营业执照为准）、

技术负责人、项目负责人、报告编制完成的日期及公章用印区；第二张为评价人员名单，并手写签名。封面样张具体样式分别如图 2-2、图 2-3 所示。

②安全验收评价报告是否有技术专家参与由评价报告编制单位自行决定，若有技术专家参与，著录项次页应有技术专家签字。

（3）前言：主要是以简短的篇幅说明安全验收评价报告编制目的、依据、经过、结果。前言中应简要地说明评价对象的基本情况，编制本次评价报告的目的和依据，概况说明编制评价报告的经过及最终结果。

（4）目录：一般可分 2 级目录。

（5）正文：按《细则》附录 D 的编制大纲编写报告。

（6）附件：安全验收评价的数据、资料、现场勘查记录、检查结果记录和影像资料等均可作为报告附件。

（7）附录：可参考《细则》中附录 D 中的 D. 9 要求。

（8）规格：依据《安全评价通则》要求，安全评价报告应采用 A4 幅面，左侧装订。

**【原文】** 5. 2. 2 安全验收评价报告一般采用纸质载体。为适应信息处理需要，安全验收评价报告可辅助采用电子载体形式。

**【解读】** 此条款规定了安全验收评价报告的载体形式。纸质载体是以纸张为基础，将安全评价报告以纸张形式打印装订成册。此外，为适应信息处理需要，安全评价报告还可采用电子载体形式。

煤层气地面开采建设项目所在地区

委托单位名称(二号宋体加粗)

评价项目名称(二号宋体加粗)

**安全验收评价报告**(一号黑体加粗)

安全评价单位名称(二号宋体加粗)

评价报告完成日期(三号宋体加粗)

图 2-1 安全验收评价报告封面样式

项目名称（三号宋体加粗）

项目规模（三号宋体加粗）

安全验收评价报告（二号宋体加粗）

法定代表人：（四号宋体）

技术负责人：（四号宋体）

项目负责人：（四号宋体）

评价报告完成日期（小四号宋体加粗）

（编制单位公章）

图 2-2 安全验收评价报告著录项首页样张

## 评 价 人 员 名 单(三号宋体加粗)

| | 姓名 | 专业 | 签字 |
|---|---|---|---|
| 项目负责人 | | | |
| | | | |
| 项目组成员 | | | |
| | | | |
| | | | |
| 报告编制人 | | | |
| | | | |
| | | | |
| 报告审核人 | | | |
| | | | |
| 过程控制负责人 | | | |
| | | | |
| 技术负责人 | | | |
| | | | |

(此表应根据具体项目实际参与人数编制)

技 术 专 家

姓 名 签 字

(列出各类技术专家名单)(以上全部小四号宋体)

图 2-3 安全验收评价报告著录项次页样张

# 附录1 煤层气地面开采建设项目安全验收评价实施细则

## 前言

本文件按照GB/T 1.1—2020《标准化工作导则 第一部分：标准化文件的结构和起草规则》的规则起草。

请注意本文件的某些内容可能涉及专利。本文件的发布机构不承担识别专利的责任。

本文件由中华人民共和国应急管理部提出。

本文件由全国安全生产标准化技术委员会煤矿安全分技术委员会（SAC/TC 288/SC 1）归口。

本文件起草单位：应急管理部研究中心、中国煤炭工业协会生产力促进中心、中煤科工集团重庆研究院有限公司、华新燃气集团有限公司、中国矿业大学。

本文件主要起草人：李大生、杨国栋、王震、赵浩、任志成、蔡稳成、张兆庚、郑厚发、许鹏飞、周少统、孙海涛、刘刚、程远平、杨扬、张明。

## 1 范围

本文件规定了煤层气地面开采建设项目安全验收评价工作的程序、内容、方法、评价报告编制等的基本要求。

本文件适用于新建、改建、扩建煤层气地面开采建设项目的安全验收评价工作。

## 2 规范性引用文件

下列文件中的内容通过文中的规范性引用而构成本文件必不可少的条款。其中：注日期的引用文件，仅该日期对应的版本适用于本文件；不注日期的引用文件，其最新版本（包括所有的修改单）适用于本文件。

GB 18218 危险化学品重大危险源辨识

GB 50058 爆炸危险环境电力装置设计规范

GB 50183 石油天然气工程设计防火规范

AQ 1082 煤层气集输安全规程

AQ/T 8003 安全验收评价导则

SY/T 0447 埋地钢质管道环氧煤沥青防腐层技术标准

SY/T 4208 石油天然气建设工程施工质量验收规范长输管道线路工程

## 3 术语和定义

下列术语和定义适用于本文件。

3.1

**煤层气地面开采建设项目安全验收评价 safety assessment upon completion of the coalbed methane surface exploitation construction project**

煤层气地面开采建设项目联合试运转正常后正式投产前，通过检查建设项目安全设施和安全管理体系运行落实情况，辨识分析建设项目的危险有害因素，评价其符合性和危险危害程度，提出科学、合理、可行的安全对策措施建议，最后从整体上对建设项目的安全运行状况和安全管理情况，作出安全验收评价结论的活动。

## 4 工作程序与工作内容

### 4.1 前期准备

4.1.1 按照AQ /T 8003，结合煤层气地面开采的实际情况，制定煤层气地面开采建设项目安全验收评价工作方案。明确建设项目安全验收评价对象、范围和内容，组建评价项目工作组，确定安全验收评价程序（按照附录A），制定工作进度计划，明确评价报告编制提纲和编写内容要求。

4.1.2 组成评价项目工作组的安全验收评价工程技术人员应覆盖煤层气地面开采所涉及的地质、钻井完井（石油工程）、排采、储运、供电、总图、安全等专业，且应具有中级以上专业技术职称或者相当于中级职称的职业资格证书。煤层气地面开采建设项目安全验收评价工作由企业自身或委托有安全评价资质且业务范围涵盖煤炭开采或石油天然气开采的安全评价机构承担。

4.1.3 收集国内与煤层气地面开采相关的法律法规、标准、规章、规范等。

4.1.4 根据煤层气地面开采建设项目的实际情况，收集、分析相关基础资料。安全验收评价应收集的参考资料目录参见附录B。

## 4.2 现场勘查，记录勘查结果

评价人员应当对建设项目现场进行勘查。调查建设项目周边自然环境和地理环境特点，明确周边居民、企事业单位、重要建（构）筑物和特殊环境敏感目标等分布情况，明确邻近的铁路、公路、高压输电线路和其他管道等分布情况；检查建设项目及安全设施的建设施工情况、联合试运转运行状况和安全管理情况。记录反映建设项目主要特征的背景图像及其他可追溯资料和现场勘查资料。

## 4.3 危险、有害因素辨识与分析

4.3.1 根据煤层气地面开采工艺流程、建设项目自然环境和周边社会环境特点，结合项目地质报告、安全设施设计及其批复，项目建设和联合试运转期间的有关安全资料，现场勘查情况，辨识和分析建设项目投产后可能存在的各种危险、有害因素。

4.3.2 分析主要危险源的危险、有害因素，分析生产过程中的危险、有害因素存在的部位、方式、作用途径和变化趋势，可能导致灾害事故的类型等。

4.3.3 按GB 18218等国家标准对评价项目涉及的重大危险源进行辨识分析，明确是否存在重大危险源。对重大危险源要进行评价、划分危险等级。

4.3.4 根据危险、有害因素辨识分析结果，确定危险、有害因素的危险度排序，与对应的安全设施进行匹配分析。

## 4.4 划分评价单元

4.4.1 根据煤层气地面开采工艺特点、存在的危险有害因素特征和安全验收评价的需要，按照评价单元相对独立、特征界限明显、覆盖所有评价范围的原则进行评价单元划分。

4.4.2 煤层气地面开采建设项目安全验收评价一般划分为周边环境及总平面布置、煤层气井系统、排采系统、集输系统、储罐系统、处理系统、公用工程及辅助生产设施、安全管理等评价单元。评价单元划分可根据评价项目实际情况进行调整。

## 4.5 选择评价方法

4.5.1 根据评价的目的、要求和评价对象的特点，以便于开展针对性的安全验收评价为基本原则，选择科学、合理、适用的评价方法。选用的评价方法应定性定量相结合。

4.5.2 煤层气地面开采安全验收评价宜采用安全检查表法、调查分析法、重大危险源辨识法、类比分析法、事故后果模拟法等评价方法，也可选用风险矩阵法、事故树分析法及其他的定性、定量评价方法。

## 4.6 定性、定量评价

4.6.1 根据初步设计、安全设施设计和建设项目联合试运转情况，采用安全检查表法（按照附录C）或调查分析法、重大危险源评价法、类比分析法、事故后果模拟法等评价方法对各评价单元进行评价，明确评价单元的安全、可靠性。

4.6.2 周边环境及总平面布置、煤层气井系统、排采系统、集输系统及储罐、处理系统的符合性评价：根据联合试运转过程中对危险有害因素的控制情况，从区域位置、周边环境、总平面布置、工艺流程和布置、工艺参数、控制方式、操作条件、危险源种类与特性等方面进行分析，评价安全技术措施的符合性、有效性和充分性，并提出对策措施。宜包括以下评价内容：

a） 建设项目所在的区域位置、总平面布置，与周边居民、企事业单位、重要建（构）筑物、敏感区域和环境保护敏感目标等的安全间距的符合性，预防自然灾害、工程地质灾害和社会危害安全措施的有效性；

b） 开采工艺流程、工艺参数，主要设备、设施的生产运行、控制方式、操作条件；

c） 安全设施设备，特种设备，安全阀，压力表，传感器，监测设备，可燃和有毒有害气体报警仪，防雷、防静电和其他危险性较大的设备的检测、检验；

d） 设备、设施的接地、防雷保护系统，电气设备防爆；

e） 防机械伤害、防高处坠落及其他伤害的措施；

f） 井场、站场、集输管线的火灾、爆炸预防措施，火灾爆炸事故后果的模拟计算和分析评价；

g） 预防硫化氢、二氧化硫及其他有害气体中毒、窒息的措施。

4.6.3 公用工程及辅助生产设施的符合性评价：供配电、自动化控制及安全监测报警、通信、给排水、消防等系统的设置，建（构）筑物和安全警示标志的配置，站场内厂房通道、照明、暖通的设置等。

4.6.4 安全管理的符合性评价：评价安全管理机构设置是否合理，全员安全生产责任制是否建立，安全生产管理规章制度是否完善，安全教育培训是否符合要求，特殊工种作业人员是否配备齐全，特种设备作业人员是否持证上岗，事故隐患排查治理是否及时有效，事故应急预案与应急救援管理是否适应建设项目的特点和安全生产的需要，职业健康卫生与劳动安全防护用品的配备、使用和管理是否完善。

4.6.5 建设项目主体工程是否与批复的初步设计一致，较大变更是否履行了规定程序，修改的内容是否有利于提高项目的安全保障程度。检查安全设施、设备、装置是否已与主体工程同时设计、同时施工、同时投入生产和使用，评价其与安全设施设计、有关安全生产法律法规、标准规范的符合性和完善性，分析存在的不足和缺陷。

## 4.7 安全对策措施建议

4.7.1 根据建设项目联合试运转情况、现场安全检查和评价的结果，对不符合设计要求，不满足安全生产法律法规和标准规范规定的生产系统、工艺、场所、设施和设备提出改进意见。

4.7.2 对不符合有关规定要求或不适合本建设项目特点的安全管理制度、机构设置及人员配置，存在的管理漏洞和不安全的管理行为，提出改进意见。

4.7.3 对可能导致重大事故发生或容易导致事故发生的危险、有害因素，提出针对性的安全技术措施与建议。

4.7.4　提出的对策措施及建议应具体明确，具有可操作性。

### 4.8　评价结论

4.8.1　说明煤层气地面开采建设项目存在的主要危险、有害因素种类及其危险危害程度，应重点防范的重大危险、有害因素。

4.8.2　明确评价对象是否存在重大危险源，若存在则说明其危害程度和危险等级。

4.8.3　说明评价对象的主要安全问题和隐患，提出安全对策措施及建议。

4.8.4　明确指出建设项目在评价条件下是否符合相关法律法规、标准、规章、规范的要求，与初步设计、安全设施设计是否一致，各评价单元是否安全可靠的安全验收评价结论。给出建设项目是否具备安全验收条件的明确意见，对暂达不到安全验收要求的建设项目，提出具体理由和整改措施建议。

## 5　安全验收评价报告

### 5.1　安全验收评价报告编制的基本要求和主要内容

5.1.1　评价报告应按照工作程序和内容，条理清晰，文字简洁、准确，全面、系统地反映安全验收评价的全部工作，提出安全对策措施及建议，给出安全验收评价结论，并附必要的反映建设项目建设情况的图表或照片。

5.1.2　评价报告应附实施安全验收评价人员名单和其他必要的附件等。

5.1.3　安全验收评价的数据、资料、现场勘查记录、检查结果记录和影像资料等可编入附录。

5.1.4　安全验收评价报告编制提纲按照附录D进行编写。

### 5.2　安全验收评价报告格式和载体

5.2.1　格式内容包括：封面（按照附录E）、著录项（按照附录F）、前言、目录、正文、附件、附录。

5.2.2　安全验收评价报告一般采用纸质载体。为适应信息处理需要，安全验收评价报告可辅助采用电子载体形式。

# 附　录　A

## (规范性)

## 煤层气地面开采建设项目安全验收评价程序框图

煤层气地面开采建设项目安全验收评价程序框图如图 A.1 所示。

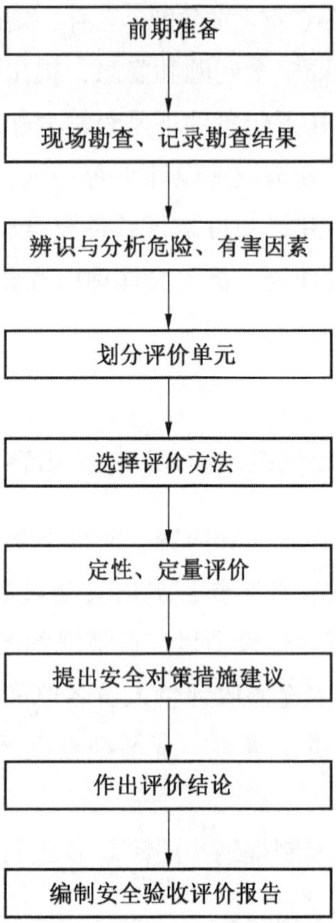


**图 A.1　煤层气地面开采建设项目安全验收评价程序框图**

# 附　录　B
## （资料性）
## 煤层气地面开采建设项目安全验收评价参考资料目录

### B.1　建设项目概况资料

B.1.1　建设项目基本情况，包括地理位置、规模、隶属关系、劳动定员配置，建设单位简介等资料。

B.1.2　建设项目所在地区地形地貌、气象、水文、地震、工程地质等资料，周边居民、企事业单位、重要建（构）筑物、各类管道和特殊环境敏感目标分布，交通运输状况和其他社会环境条件等资料。

B.1.3　建设项目生产经营活动合法证明材料，包括企业营业执照、采矿许可证、主要负责人和安全生产管理人员的安全生产知识和管理能力考核合格证等。

### B.2　建设项目设计依据

B.2.1　立项批准备案文件。

B.2.2　设计依据的地质勘探报告及其评审意见和备案证明。

B.2.3　设计依据的其他有关煤层气地面开采安全的基础资料。

### B.3　建设项目设计文件

B.3.1　建设项目初步设计及批复文件。

B.3.2　建设项目安全设施设计及批复文件。

### B.4　项目建设情况

B.4.1　施工单位资质。

B.4.2　单项工程、单位工程验收材料，评级情况，工程质量认证资料。

B.4.3　安全监控系统等重要安全系统验收资料。

B.4.4　联合试运转报告。

## B.5 主要生产系统及辅助生产系统说明

B.5.1 建设项目场址及各井场、站场、集气管线、道路和附属配套工程等总平面布置。

B.5.2 建设项目规模、开采工艺、集输方式和主要设备、设施，公用工程及辅助生产设施，主要建（构）筑物情况等说明。

B.5.3 主要生产系统和辅助生产系统联合试运转及安全情况说明。改建或扩建项目建设前后生产及安全情况说明。

B.5.4 安全设施、设备、装置运行情况。

B.5.5 生产、使用、储存、运输等过程中所接触到的危险有害物质的种类、组分、数量及其最终去向。

B.5.6 建设项目其他特殊危险、有害因素的说明。

B.5.7 主要生产系统及辅助生产系统的工艺流程。

B.5.8 主要生产系统及辅助生产系统的主要设备清单及最新的设备操作规程。

B.5.9 反映煤层气地面开采建设项目实际情况的图纸，包括且不限于总平面布置图（包含井位分布情况）、集输管网分布图、自动化控制及安全监测报警系统布置图、爆炸区域划分图、工艺流程图、压缩站平面布置图等。

## B.6 安全技术与安全管理措施资料

B.6.1 主要装置、设备、压力容器、压力管道等的防护及安全运行保障措施。

B.6.2 供电系统安全保障措施。

B.6.3 自动化控制及安全监测报警系统资料。

B.6.4 安全生产责任制，安全生产管理规章制度，安全操作规程。

B.6.5 项目建设期间安全检查纪录。

B.6.6 职业健康卫生与劳动安全防护用品、安全标志的配置、使用和管理情况。职业危害申报备案情况、职业健康监护档案资料。

B.6.7 消防组织机构及管理制度，消防系统流程、消防装备设施布置，消防器材种类、数量及分布情况。

B.6.8 安全生产事故应急救援预案。

B.6.9 项目建设和联合试运转期间各类事故情况记录。

B.6.10 其他安全管理和安全技术措施。

## B.7 安全机构设置及人员配置

B.7.1 安全管理机构设置及人员配置。

B.7.2 职业健康与安全防护、应急救援和医疗急救组织及人员配置。

B.7.3 从业人员安全教育、培训情况。

B.7.4 特种作业人员、特种设备作业人员定员配置、教育培训、持证上岗情况。

## B.8 安全检验、检测和测定的数据资料

B.8.1 压力容器、压力管道、锅炉等特种设备检验检测报告。

B.8.2 安全阀，压力表，防雷、防静电设备等检验检测报告。

B.8.3 可燃、有毒有害气体检测报警仪等检验检测报告。

B.8.4 职业健康卫生与劳动安全防护用品检验检测报告。

B.8.5 其他安全检验、检测技术资料。

## B.9 其他资料和数据

安全验收评价所需的其他资料和数据。

# 附 录 C

## （规范性）

## 煤层气地面开采建设项目安全验收评价安全检查表

煤层气地面开采建设项目安全验收评价安全检查表见表C。

**表C 煤层气地面开采建设项目安全验收评价安全检查表**

| 序号 | 检查内容 | 检查依据 | 检查情况 | 结论 |
| --- | --- | --- | --- | --- |
| 一、周边环境及总平面布置单元 | | | | |
| 1 | 在含硫化氢的矿区，场地及设备的布置考虑季节风向。在有可能形成硫化氢和二氧化硫的聚集处，有良好的通风条件，设置警示标志，使用防爆通风设备，并设置逃生通道及安全区 | 《煤层气地面开采安全规程（试行）》第25条 | | |
| 2 | 煤层气井不布置在滑坡、崩塌、泥石流等地质灾害易发地带 | 《煤层气地面开采安全规程（试行）》第33条 | | |
| 3 | 煤层气井与周围建（构）筑物的防火间距符合下列规定：气井井口距架空电力线的距离不小于1.5倍杆高，距35 kV及以上独立变电所不小于20 m；距100人以上居住区、村镇、公共福利设施不小于25 m；距国家铁路不小于20 m，距工业企业铁路不小于15 m，距高速公路不小于20 m，距其他公路不小于10 m；距储罐，甲、乙类容器，相邻厂矿企业等场所不小于20 m | AQ 1081—2010 中 5.2.1 | | |
| 4 | 煤层气井位布设应保障煤矿井下巷道布置和生产安全，应布设在煤矿井下硐室、井底车场等主要设施200 m以外 | AQ 1115—2018 中 4.2.3 | | |
| 5 | 在站场内设置风向标，并悬挂在有关人员可以看到的位置 | 《煤层气地面开采安全规程（试行）》第53条 | | |

表C（续）

| 序号 | 检查内容 | 检查依据 | 检查情况 | 结论 |
|---|---|---|---|---|
| 6 | 井场平整、坚固。井架地基填方部分不超过四分之一面积。填方部分采取加固措施 | 《煤层气地面开采安全规程（试行）》第55条 | | |
| 7 | 在山坡上修筑井场时，当地层坚硬、稳固时，井场边坡坡度不大于85度；当地层松软时，井场边坡坡度不大于60度。必要时，砌筑护坡、挡土墙 | 《煤层气地面开采安全规程（试行）》第55条 | | |
| 8 | 站场的选址远离地质灾害易发区，在站场服务年限内避免受采空区、采动区的影响 | 《煤层气地面开采安全规程（试行）》第155条 | | |
| 9 | 站场应当布置在人员集中场所及明火或者散发火花地点全年最小频率风向的上风侧，站场主要设施与周边有关设施的安全距离符合下列要求：与居民区、村镇、公共设施的防火间距不小于30米；与相邻厂矿企业、35千伏及以上变电所的防火间距不小于30米；与公路的间距不小于10米；与铁路线的间距不小于20米；与架空通信线、架空电力线的间距不小于1.5倍杆高；与采石场等爆炸作业场地的间距不小于300米 | 《煤层气地面开采安全规程（试行）》第156条 | | |
| 10 | 放空管应当位于站场生产区最小频率风向的上风侧，且处于站场外地势较高处，其高度比附近建（构）筑物高出2米以上，且总高度不小于10米。放空管距站场的距离一般不小于10米；当放空量大于12000立方米/小时且等于或者小于40000立方米/小时，放空管距站场的距离不小于40米 | 《煤层气地面开采安全规程（试行）》第159条 | | |
| 二、煤层气井系统单元 | | | | |
| 11 | 在含硫化氢环境中进行生产作业，应当配备固定式和携带式硫化氢监测仪 | 《煤层气地面开采安全规程（试行）》第23条 | | |

表C（续）

| 序号 | 检查内容 | 检查依据 | 检查情况 | 结论 |
|---|---|---|---|---|
| 12 | 钻井工艺技术应当有利于保护煤储层，并制定井漏、井涌、井喷、井塌、卡钻、防斜等复杂情况的安全技术措施 | 《煤层气地面开采安全规程（试行）》第39条 | | |
| 13 | 固井作业设计应当保证后续增产作业施工的安全。套管柱应当进行强度设计，综合考虑内应力、挤应力和拉应力，满足后续作业的需要 | 《煤层气地面开采安全规程（试行）》第41条 | | |
| 14 | 应当建立测井安全操作管理和事故处理措施。对放射源等危险物品的储存、运输、使用和防护作出特别规定 | 《煤层气地面开采安全规程（试行）》第43条 | | |
| 三、排采系统单元 | | | | |
| 15 | 井口应当设置排采沉淀池，煤层气井排出的水经过沉淀后，满足有关规定要求后方可进行排放；水管线应当以一定的坡度通向排采沉淀池，保证水流畅通 | 《煤层气地面开采安全规程（试行）》第48条 | | |
| 16 | 排采井场平整、清洁、无杂草；井场周围设围栏，围栏高度不低于1.7米，并有明确的警示标识 | 《煤层气地面开采安全规程（试行）》第118条 | | |
| 17 | 井场内所有可能对人体产生碰伤、挤伤或者其他伤害的危险物体应当涂以红色标记，以示警告 | 《煤层气地面开采安全规程（试行）》第118条 | | |
| 18 | 应在排采井场大门或其他醒目处安装“严禁烟火”“穿戴劳动防护用品”等安全警示标志，并应悬挂牢固。井应场范围内危险区域有明显警示标志牌 | AQ 1081—2010 中8.1.5 | | |
| 19 | 应当将排采沉淀池布置在井场围栏范围内；布置在排采围栏范围外时，应当设独立围栏 | 《煤层气地面开采安全规程（试行）》第119条 | | |

表C（续）

| 序号 | 检查内容 | 检查依据 | 检查情况 | 结论 |
|---|---|---|---|---|
| 20 | 需要设置放空火炬的煤层气井，放空火炬置于井口全年最小频率风向的上风侧，放空火炬距井口的距离不小于10 m，放空火炬高度不小于3 m。放空火炬的位置考虑当地全年主风向，置于全年最小频率风向的上风侧 | AQ 1115—2018 中 4. 3. 3<br>《煤层气地面开采安全规程（试行）》第120条 | | |
| 21 | 排采设备置于远离放空火炬的一侧摆放，发电机排气筒方向不正对井口。煤层气企业定期用可燃气体检测仪检测阀门、管线是否漏气，发现漏气立即检修处理 | 《煤层气地面开采安全规程（试行）》第121条 | | |
| 22 | 排采设备的控制柜应具备IP54防护等级及以上的防护措施 | AQ 1115—2018 中 4. 3. 5 | | |
| 23 | 输气管线应安装阀门 | AQ 1115—2018 中 5. 3. 5 | | |
| 四、集输系统及储罐单元 | | | | |
| 24 | 煤层气集输管线线路的选择符合下列要求：线路顺直、平缓，减少与天然和人工障碍物的交叉；避开重要的军事设施、易燃易爆仓库、国家重点文物保护单位等区域；避开城镇规划区、大型站场、飞机场、火车站和国家级自然保护区等区域。当受条件限制，管线需要在上述区域内通过时，必须征得有关部门同意，留出足够的安全距离，并采取相应的安全保护措施；严禁管线通过铁路或者公路的隧道、桥梁（管线专用公路的隧道、桥梁除外）以及铁路编组站、大型客运站和变电所；避开地下杂散电流干扰大的区域；当避开确有困难时，采取符合标准、规范的排流措施；避开不良工程地质地段；选择合适的位置和方式穿越 | 《煤层气地面开采安全规程（试行）》第146条 | | |
| 25 | 管线及管线组件的材质选择符合下列规定：管线及管线组件的材料强度、寿命符合AQ 1082的规定；穿越环境及地质条件复杂区域时，采用钢管或采用钢护套保护；管线材质满足当地的抗震规定 | AQ 1115—2018 中 4. 4. 2 | | |

表C（续）

| 序号 | 检查内容 | 检查依据 | 检查情况 | 结论 |
| --- | --- | --- | --- | --- |
| 26 | 煤层气集输管线采用埋地方式敷设，特殊地段也可以采用土堤、地面、架空等方式敷设。管线敷设满足抗震要求 | 《煤层气地面开采安全规程（试行）》第148条 | | |
| 27 | 管线沿线应当设置里程桩、转角桩、标志桩和警示牌等永久性标志。里程桩沿气流前进方向从管线起点至终点每500米连续设置；里程桩可以与阴极保护测试桩结合设置 | 《煤层气地面开采安全规程（试行）》第152条 | | |
| 28 | 钢制埋地集输管线的防腐绝缘与阴极保护设计符合现行行业标准SY/T 0447与SY/T 4208的相关规定 | AQ 1115—2018中4.4.4 | | |
| 29 | 裸露或者架空的管线有良好的防腐绝缘层，带保温层的，采取保温和防水措施。管线定期排水，防止造成水堵、冰堵。<br>站场的进出站两端管线，应当加装绝缘接头，确保干线阴极保护可靠性 | 《煤层气地面开采安全规程（试行）》第154条 | | |
| 30 | 所有管线应经吹扫、试压合格，满足安全生产条件后，方可投入运行 | AQ 1115—2018中5.4.6 | | |
| 31 | 干线阀室应保持通风良好，并设置安全警示标识 | AQ 1115—2018中4.4.6 | | |
| 32 | 应当在站场的进口处设置明显的安全警示牌、进站须知和逃生路线图，并向进入站场的外来人员告知安全注意事项等。<br>站场应当设置围墙或者围栏设置高度、材质符合要求，并设置安全警示标志。<br>站场内大于或者等于35千伏的变配电站应当设置不低于1.5米的围栏 | 《煤层气地面开采安全规程（试行）》第162条 | | |
| 33 | 煤层气脱水装置前应当设置分离器。<br>脱水器前及压缩机的出口管线上的截断阀前应当分别设置安全阀 | 《煤层气地面开采安全规程（试行）》第168条 | | |

表C（续）

| 序号 | 检查内容 | 检查依据 | 检查情况 | 结论 |
| --- | --- | --- | --- | --- |
| 34 | 进脱硫装置的原料气总管线和再生塔设安全阀，液硫储罐最高液位之上设置灭火蒸汽管。储罐四周设置闭合的不燃烧材料防护墙，墙高为1米，四周设置相应的消防设施 | 《煤层气地面开采安全规程（试行）》第173条 | | |
| 五、处理系统单元 | | | | |
| 35 | 在煤层气处理及输送过程中使用化学药剂时，煤层气企业应当严格执行技术操作规程和措施要求，并落实防冻伤、防中毒和防化学伤害等措施 | 《煤层气地面开采安全规程（试行）》第171条 | | |
| 36 | 中心处理站内调节阀、减压阀、高（低）压泄压阀等主要阀门设备运转正常，并定期进行校验；温度表、压力表安全阀等准确，设备、管汇无渗漏 | AQ 1115—2018 中 5.6.2.3 | | |
| 37 | 中心处理站设置静电释放球、安全警示标识、进站须知、避灾路线图、防火灭火器材和阻燃材料围墙或围栏，有专人告知外来人员安全注意事项 | AQ 1115—2018 中 5.6.2.4 | | |
| 38 | 中心处理站封闭区域应安装通风装置及煤层气报警装置，站内应设置风向标、防雷装置、通信设备 | AQ 1115—2018 中 5.6.2.5 | | |
| 39 | 中心处理站围墙或围栏设置高度、材质符合要求，并设置安全警示标识。中心处理站内应配置相应的消防器材。中心处理站内管汇爆炸危险区域应使用防爆电气设施，电气线路的敷设应采取防爆安全措施 | AQ 1115—2018 中 4.6.2.3 | | |
| 40 | 压缩站厂房、压缩机和储气设备符合批准的安全设施设计要求。<br>压缩站厂房符合下列规定：厂房使用耐火材料，采用不发火地面；厂房的门窗向外开启，建筑面积大于100 $m^2$ 的厂房至少设置两个疏散门，并保持通道畅通；采用封闭式厂房时，应有煤层气报警装置、良好的机械通风设施和足够的泄压面积；压缩机房应设置防爆应急照明系统；压缩机房应有醒目的安全警示标识 | AQ 1115—2018 中 5.6.3.1、4.7.1 | | |

表C（续）

| 序号 | 检查内容 | 检查依据 | 检查情况 | 结论 |
|---|---|---|---|---|
| 41 | 压缩机应符合下列规定：压缩机组有紧急停车和安全保护联锁装置；压缩机控制系统设置压力、温度显示与保护联动装置；压缩机前设置缓冲罐；压缩机单排布置；在高寒地区或风沙地区压缩机组应采用封闭式厂房，其他地区采用敞开式或半敞开式厂房；压缩机或其厂房与站内（明火或散发火花的设备或场所、仪表控制间、10 kV 及以下的变配电室、化验室、办公室）的防火间距不小于 15 m | AQ 1115—2018 中 4.7.2 | | |
| 42 | 压缩煤层气储气设备符合下列规定：储气瓶（储气井）的设计符合国家有关安全规定和标准；储气瓶组（储气井）与站内汽车通道相邻一侧，应设置安全防撞栏或者采取其他防撞设施；储气瓶组（储气井）进气总管上设置安全阀、压力表紧急放空管；每个储气瓶组（储气井）出口应设置截止阀 | AQ 1115—2018 中 4.7.3 | | |
| 43 | 煤层气压力储罐（球罐、卧式罐）应当安装紧急放空、安全泄压设施及压力仪表。煤层气储罐（柜）检修动火时，经放空、清洗、强制通风，并检验气体中甲烷浓度（低于 0.5% 为合格） | 《煤层气地面开采安全规程（试行）》第190条 | | |
| 44 | 应当对煤层气储罐定期检测。煤层气储罐区应当有明显的安全警示标志 | 《煤层气地面开采安全规程（试行）》第191条 | | |
| 45 | 压缩站内电气设备应当符合下列防爆要求：整洁，部件齐全紧固，无松动、无损伤、无机械变形，场所清洁、无杂物和易燃物品；选型符合《爆炸和火灾危险环境有关电力设计规范》的要求；电缆进线装置密封可靠，空余接线孔封闭符合要求；设备保护、联锁、检测、报警、接地等装置齐全完整；防爆灯具的防爆结构、保护罩保持完整；接地端子接触良好，无松动、无折断、无腐蚀；应急照明设施符合防爆要求 | 《煤层气地面开采安全规程（试行）》第199条 | | |

表C（续）

| 序号 | 检查内容 | 检查依据 | 检查情况 | 结论 |
| --- | --- | --- | --- | --- |
| 46 | 压缩站厂房、储罐区、机房和调配区应在醒目位置设置“严禁烟火”“爆炸危险场所”等安全警示标识。<br>压缩站内应设置值班人员24 h值守，封闭式厂房设置煤层气报警装置和机械通风设施。<br>压缩站内应设置风向标。<br>压缩机的吸入口应有可靠的防静电装置。<br>储气瓶组（储气井）应装有紧急放空、安全泄压设施及压力液位显示仪表。<br>储罐、气柜应有良好的防雷、防静电接地装置。<br>进站管线上应设置紧急截断阀，手动紧急截断阀的位置应便于发生事故时及时切断气源。储气瓶组（储气井）与加气枪之间应设储气瓶组（储气井）截断阀、主截断阀、紧急截断阀和加气截断阀。加气机、储气瓶组（储气井）应设置防撞柱（栏） | AQ 1115—2018 中 5.6.3 | | |
| 47 | 压缩站配备的消防水池应符合 GB 50183 的规定 | AQ 1115—2018 中 4.7.7 | | |
| 六、公用工程及辅助生产设施单元 | | | | |
| 48 | 应当建立相应的消防机构，配备专职或者兼职消防人员和必要的装备、器材，或者与所在地消防、应急救援机构签订消防救援合同 | 《煤层气地面开采安全规程（试行）》第17条 | | |
| 49 | 对可能产生静电危险的下列设备和管线应当设置防静电装置：进出装置或者设施处；爆炸危险场所的边界；煤层气储罐、过滤器、脱水装置、缓冲器等及其连接部分；管道分支处以及直线段每隔200~300米处；压缩机的吸入口和加气机本身及槽车与加气机连接环节。<br>在站场入口和主要的操作场所，应当安装人体静电导除装置，防静电接地装置的接地电阻不大于100欧姆。<br>在连接管线的法兰连接处，设置金属跨接线（绝缘法兰除外）。当法兰用5根以上螺栓连接时，法兰可以不用金属线跨接，但必须构成电气通路 | 《煤层气地面开采安全规程（试行）》第49条 | | |

表C（续）

| 序号 | 检查内容 | 检查依据 | 检查情况 | 结论 |
|---|---|---|---|---|
| 50 | 工程和设备的防静电接地应当符合下列要求：<br>设施设备和车辆的防静电接地，不得使用链条类导体连线；防静电接地、防感应雷接地和电气设备接地共同设置的，其接地电阻不大于10欧姆；防静电接地装置单独设置的，接地电阻不大于100欧姆，埋设周围情况良好；防静电接地不得使用防直击雷引下线和电气工作零线，测量点位置不得设在爆炸危险区域内；检修设备、管线可能导致防静电接地系统断路时，预先设置临时性接地，检修完毕后及时恢复 | 《煤层气地面开采安全规程（试行）》第50条 | | |
| 51 | 防窗应当符合下列安全要求：<br>建（构）筑物、工艺设备、架空管线、各种罐体、电气设备等设置防雷接地装置；进入变（配）电室的高压电路安装与设备耐压水平相适应的过电压（电涌）保护器；信息系统配电线路的首、末端与电子器件连接时，装设与电子器件耐压水平相适应的过电压（电涌）保护器；防雷接地电阻不得大于10欧姆，引下线地面以下0.3米至地面以上1.7米无破坏，接地测试断接点接触良好，埋设周围情况良好；防雷装置保护范围不得缩小；防雷击接地措施不得影响输气管线阴极保护效果；接地装置定期由具备资质的单位进行测试 | 《煤层气地面开采安全规程（试行）》第52条 | | |
| 52 | 应当在井场配备足够数量的消防器材。消防器材由专人管理，定期维护保养，不挪作他用。消防器材摆放处应当保持通道畅通，确保取用方便 | 《煤层气地面开采安全规程（试行）》第58条 | | |
| 53 | 应当在井场、钻台及井架梯子的入口处，钻台上、高空作业区和绞车、柴油机、发电机等机械设备处，以及油罐区、消防器材房、消防器材箱等场所和设备设施上设置相应的安全警示标志 | 《煤层气地面开采安全规程（试行）》第59条 | | |

表C（续）

| 序号 | 检查内容 | 检查依据 | 检查情况 | 结论 |
|---|---|---|---|---|
| 54 | 配电室应当有应急照明，配电室门应当外开，保持通风良好，并安装挡鼠板。电缆沟应当无积水，地沟应当封堵。地沟可燃气体浓度应当定期检验，避免沟内窜气 | 《煤层气地面开采安全规程（试行）》第164条 | | |
| 55 | 站场供电和电气安全应当符合下列要求：站场的消防、通信、控制、仪表等使用不间断电源或者双回路供电，消防、控制、配电等重要场所设置应急照明；站场内管汇、阀组、压缩机等爆炸危险区域必须使用防爆电气设施，电气线路使用阻燃电缆，线路的敷设采取防爆安全措施；配电室有防水、防鼠措施，安装挡鼠板，安全通道畅通，指示标志明显 | 《煤层气地面开采安全规程（试行）》第197条 | | |
| 56 | 中心处理站内工艺装置区、计量工作间等位于爆炸危险区域内的电气设备及照明均应采用防爆电器，其选型、安装和电气线路的布置应符合 GB 50058 的规定 | AQ 1115—2018 中 4.6.2.6 | | |
| 七、安全管理单元 | | | | |
| 57 | 建立健全主要负责人、分管负责人、安全生产管理人员、职能部门、岗位安全生产责任制 | 《非煤矿矿山企业安全生产许可证实施办法》第6条 | | |
| 58 | 其他从业人员依照规定接受安全生产教育和培训，并经考试合格 | 《非煤矿矿山企业安全生产许可证实施办法》第6条 | | |
| 59 | 安全生产规章制度和操作规程目录清单 | 《非煤矿矿山企业安全生产许可证实施办法》第8条 | | |
| 60 | 设置安全生产管理机构或者配备专职安全生产管理人员的文件复印件 | 《非煤矿矿山企业安全生产许可证实施办法》第8条 | | |

表C（续）

| 序号 | 检查内容 | 检查依据 | 检查情况 | 结论 |
| --- | --- | --- | --- | --- |
| 61 | 主要负责人和安全生产管理人员安全资格证书复印件 | 《非煤矿矿山企业安全生产许可证实施办法》第8条 | | |
| 62 | 特种作业人员操作资格证书复印件 | 《非煤矿矿山企业安全生产许可证实施办法》第8条 | | |
| 63 | 为从业人员缴纳工伤保险费的证明材料；因特殊情况不能办理工伤保险的，可以出具办理安全生产责任保险的证明材料 | 《非煤矿矿山企业安全生产许可证实施办法》第8条 | | |
| 64 | 特种设备作业人员证 | 《特种设备作业人员监督管理办法》第5条 | | |
| 65 | 与中方公司合作并担任作业者的外资公司能够提供合作开采煤层气资源合同复印件和中方公司证明文件 | 《中华人民共和国对外合作开采陆上石油资源条例》第13条 | | |
| 66 | 按照有关规定制定生产安全事故应急预案，组织定期演练，并根据安全生产条件的变化及时修订 | 《煤层气地面开采安全规程（试行）》第8条 | | |
| 67 | 煤层气地面开采区域存在煤矿矿井的，煤层气企业应当与煤矿企业进行沟通，统筹考虑煤层气地面开采项目方案和煤矿开采计划，共享有关地质资料和工程资料，确保煤层气地面开采安全和煤矿井下安全 | 《煤层气地面开采安全规程（试行）》第9条 | | |
| 68 | 应当经常开展安全生产检查及事故隐患排查，对发现的安全生产问题和事故隐患，应当立即采取措施进行整改；不能立即整改的，应当制定整改方案限期处理 | 《煤层气地面开采安全规程（试行）》第15条 | | |
| 69 | 应当对安全阀、压力表、传感器和监测设备进行定期校验、检定。煤层气企业的特种设备应当按照有关规定定期检测 | 《煤层气地面开采安全规程（试行）》第16条 | | |

表C（续）

| 序号 | 检查内容 | 检查依据 | 检查情况 | 结论 |
|---|---|---|---|---|
| 70 | 应当建立劳动防护用品配备、使用和管理制度，为从业人员提供符合国家标准或者行业标准的劳动防护用品 | 《煤层气地面开采安全规程（试行）》第18条 | | |
| 71 | 应当建立设备管理专人负责制度。设备管理应当符合下列要求：安全标志正确、齐全、清晰，设置位置合理；定期进行巡检、维护和保养，确保设备始终处于完好状态；机械传动部位安装安全防护栏或者防护罩；按照有关规定对设备进行换季维护保养，防止设备锈蚀、冻裂；带压设备定期进行试压，合格后方可使用 | 《煤层气地面开采安全规程（试行）》第20条 | | |
| 72 | 在含硫化氢矿区进行施工作业和煤层气生产前，煤层气企业应当对所有生产作业人员和现场监督人员进行硫化氢防护的培训 | 《煤层气地面开采安全规程（试行）》第22条 | | |
| 73 | 在含硫化氢环境中进行生产作业时，煤层气企业应当制定防硫化氢应急预案 | 《煤层气地面开采安全规程（试行）》第27条 | | |
| 74 | 应当建立爆炸物品运输和使用、爆炸器材存储和销毁、废旧爆炸物品安全销毁的管理制度 | 《煤层气地面开采安全规程（试行）》第44条 | | |
| 75 | 应当定期对从事放射性工作的人员进行个人剂量监测和职业健康检查，建立个人剂量档案和职业健康监护档案 | 《煤层气地面开采安全规程（试行）》第95条 | | |

# 附 录 D

(规范性)

# 煤层气地面开采建设项目安全验收评价报告编制提纲

## D.1 概述

D.1.1 安全验收评价对象及范围。

D.1.2 安全验收评价目的、意义。

D.1.3 前期准备情况。安全验收评价程序，评价项目工作组组建等。

D.1.4 安全验收评价依据。

## D.2 建设项目概况

D.2.1 建设项目基本情况。建设项目地理位置、规模和隶属关系，建设单位简介，建设项目合法性情况等。

D.2.2 自然环境和社会环境。建设项目所在地区地形地貌、气象、水文、工程地质等自然环境条件，周边居民、企事业单位、重要建（构）筑物和特殊环境敏感目标等分布情况、交通运输状况、各类管道和其他社会环境条件。

D.2.3 地质情况。煤层气田地质特征、储层特征、资源储量等基本情况。

D.2.4 项目场址和总平面布置。

D.2.5 建设项目开采工艺。

D.2.6 主要设备、设施和装置及布置。

D.2.7 公用工程及辅助生产设施。

D.2.8 消防工程。

D.2.9 主要建（构）筑物。

D.2.10 安全管理。

D.2.11 项目建设和联合试运转情况。

D.2.12 联合试运转期间安全生产情况。

## D.3 安全设施设计

D.3.1 安全设施设计概况。

D.3.2 安全设施、设备、装置等建设情况。

D.3.3 项目建设变更及变更程序的履行情况。

## D.4 危险、有害因素识别与分析

D.4.1 危险、有害因素识别的方法和过程。

D.4.2 危险物料辨识与分析。

D.4.3 危险、有害因素的危险性分析。

D.4.4 危险、有害因素可能导致灾害事故类型、可能的激发条件和作用规律、主要存在场所分析。

D.4.5 危险、有害因素的危险度排序。

D.4.6 重大危险源辨识。

## D.5 划分评价单元和选择评价方法

D.5.1 划分评价单元。

D.5.2 选择评价方法。

## D.6 定性、定量评价

D.6.1 周边环境及总平面布置单元。

D.6.2 煤层气井系统单元。

D.6.3 排采系统单元。

D.6.4 集输系统及储罐单元。

D.6.5 处理系统单元。

D.6.6 公用工程及辅助生产设施单元。

D.6.7 安全管理单元。

## D.7 安全措施及建议

D.7.1 安全技术措施及建议。

**D.7.2** 安全管理措施及建议。

**D.7.3** 其他相关措施及建议。

## D.8 安全验收评价结论

**D.8.1** 建设项目存在的主要危险、有害因素。

**D.8.2** 重大危险源评价结果。

**D.8.3** 应重视的安全对策措施及建议。

**D.8.4** 评价结论。建设项目是否具备安全验收条件的明确意见，对暂达不到安全验收要求的建设项目提出具体理由和整改措施建议。

## D.9 附录

**D.9.1** 委托书。

**D.9.2** 企业营业执照、采矿许可证、改扩建项目原有的安全生产许可证，主要负责人和安全生产管理人员的安全生产知识和管理能力考核合格证等。

**D.9.3** 地质储量报告评审意见书及备案证明。

**D.9.4** 建设项目立项审批备案文件，安全设施设计批复文件。

**D.9.5** 工伤保险缴纳凭证。

**D.9.6** 主要安全管理人员的任职文件；设置安全生产管理机构，配备专职安全生产管理人员的文件；成立相关安全管理机构的文件。

**D.9.7** 安全管理制度和各工种操作规程目录。

**D.9.8** 安全管理人员、特种作业人员及特种设备作业人员名单。

**D.9.9** 事故应急救援预案及其备案证明，应急演练工作方案及演习总结报告，灾害预防与处理计划。

**D.9.10** 主要设备、设施检测检验报告。

**D.9.11** 反映实际情况的图纸，包含且不限于总平面布置图（含井位分布情况）、集输管网分布图、自动化控制及安全监测报警系统布置图、爆炸区域划分图、工艺流程图、压缩站平面布置图等。

**D.9.12** 消防救援合同。

# 附 录 E

## (规范性)

## 煤层气地面开采建设项目安全验收评价报告书封面格式

### E.1 封面布局上部

第一行：煤层气地面开采建设项目所在地区、委托单位名称（二号宋体字加粗，可换行）。第二行：评价项目名称（二号宋体字加粗）。第三行：安全验收评价报告（一号黑体字加粗）。

### E.2 封面布局下部

第一行：安全评价单位名称（二号宋体字加粗）。第二行：评价报告完成日期（三号宋体字加粗）。

# 附　录　F

**（规范性）**

## 著录项格式

著录项一般分两张布置。第一张分上下两部分，上部分为项目名称、项目规模，下部分署名安全评价报告编制单位的法定代表人（以营业执照为准）、技术负责人、项目负责人、报告编制完成的日期及公章用印区。第二张为评价人员名单，并手写签名。

# 附录2 矿山安全评价检测检验监督管理办法（试行）

《矿山安全评价检测检验监督管理办法（试行）》（矿安〔2022〕81号）经国家矿山安全监察局2022年第10次局务会议审议通过。

## 第一章 总则

**第一条** 为加强和规范对矿山安全领域安全评价、安全生产检测检验（以下统称矿山安全评价检测检验）服务活动的监督管理工作，推动矿山安全高质量发展，依据《中华人民共和国安全生产法》《安全评价检测检验机构管理办法》等有关规定，制定本办法。

**第二条** 矿山安全评价检测检验服务活动及其监督管理工作，适用本办法。

**第三条** 国家矿山安全监察局负责指导全国矿山安全评价检测检验监督管理工作，组织制修订矿山安全评价检测检验相关国家标准及行业标准。

县级以上地方人民政府矿山安全监管部门按照各自的职责，分别负责本行政区域内煤矿和非煤矿山（含金属非金属矿山、尾矿库，以及矿泉水等其他矿山）安全评价检测检验服务活动的监督管理工作，并对发现的违法违规行为依法实施行政处罚。

省级矿山安全监察机构负责对辖区内矿山安全评价检测检验服务活动实施抽查检查，并对发现的违法违规行为依法进行处理处罚。

**第四条** 矿山安全评价检测检验机构及其从业人员应当依照法律、法规、规章、标准，遵循科学公正、独立客观、安全准确、诚实守信的原则和执业准则，独立开展安全评价检测检验服务活动，并对作出的安全评价和检测检验结果负责，依法承担民事、行政和刑事法律责任。

委托方应当对其提供的原始资料、第三方证明资料及检测检验对象的真实性、可靠性、完整性、代表性和合法性负责，承担有关法律责任。

**第五条** 矿山企业委托矿山安全评价检测检验机构提供安全评价检测检验服务的，保证安全生产的责任仍由本企业负责。

## 第二章 服务活动

**第六条** 矿山安全评价检测检验机构应当至少具备煤炭开采业安全评价、金属非金属矿及其他矿采选业安全评价、煤矿安全生产检测检验、金属非金属矿山安全生产检测检验资质之一，方可在其资质范围内开展安全评价检测检验服务活动。

矿山安全评价检测检验机构应当将分公司、分支机构或者分场所纳入本机构安全评价检测检验管理体系，实行一体化管理，严禁分公司、分支机构或者分场所在管理体系外运行。

**第七条** 矿山安全评价检测检验机构应当在开展现场服务前 7 个工作日内，通过安全评价检测检验机构信息查询系统或者书面方式告知项目所在地省级矿山安全监管部门。

矿山安全评价检测检验机构应当建立并实施服务公开制度，建立正常运行、可以供公众查询机构信息的网站，按规定公开服务项目、内容和收费标准，对其执行本办法第四条第一款规定以及恪守职业道德、履行社会责任等情况进行自我声明，并对声明内容的真实性、全面性、准确性负责。

**第八条** 矿山安全评价检测检验机构应当建立并实施报告公开制度，按照有关规定在网上公开安全评价报告、检测检验报告相关信息及现场勘验、现场检测检验的相关图像影像资料。

**第九条** 矿山安全评价检测检验机构不得出具失实报告，不得租借资质、挂靠、出具虚假报告。

**第十条** 矿山安全评价检测检验机构应当依法与委托方签订服务合同，明确安全评价检测检验对象、范围、权利、义务和责任。在开展安全评价检测检验服务时，应当独立于所涉及的利益相关方，不受来自行政、商业、财务等可能干扰其技术判断的因素影响，保证其出具的安全评价报告、检测检验报告真实、客观、准确、完整。

**第十一条** 矿山安全评价检测检验机构不得违反有关法规标准规定，擅自更改或者简化安全评价检测检验服务活动的程序和相关内容。

**第十二条**　矿山安全评价检测检验机构在安全评价检测检验服务活动中发现重大事故隐患或者普遍存在的安全问题的，应当及时向委托方和所在地矿山安全监管监察部门报告。

**第十三条**　矿山安全评价机构应当满足《安全评价通则》《安全预评价导则》《安全验收评价导则》等相关安全标准的要求。

**第十四条**　矿山安全评价机构的专职安全评价师不得同时在 2 个及以上安全评价机构从业。

矿山安全评价机构开展服务时，安全评价项目组组成人员应当符合《安全评价检测检验机构管理办法》中煤炭开采业或者金属非金属矿及其他矿采选业专职安全评价师专业能力配备标准要求，其中项目组组长还应当具有二级以上安全评价师资格及矿山安全领域相关专业背景，并在矿山安全领域工作 3 年以上。

**第十五条**　矿山安全评价机构开展服务时，应当如实记录过程控制、现场勘验情况，并与现场图像影像等证明资料一并及时归档，形成完整可追溯的评价过程档案；查看委托方提供的相关资料原件，并将原件形成图像影像资料及时归档。

安全评价项目组组长应当到现场勘验，全过程组织并参与安全评价报告编制。专职技术负责人和过程控制负责人应当按照法规、标准的规定，加强对安全评价服务活动的技术管理和过程管理。

**第十六条**　煤矿建设项目安全预评价报告、煤矿建设项目安全验收评价报告和煤矿安全现状评价报告的格式及内容应当分别符合《煤矿建设项目安全预评价实施细则》《煤矿建设项目安全验收评价实施细则》《煤矿安全评价导则》要求。

金属非金属矿山建设项目安全预评价报告、安全设施验收评价报告的格式及内容应当符合《金属非金属矿山建设项目安全评价报告编写提纲》要求。

**第十七条**　矿山安全评价机构出具的安全评价报告存在下列情形之一的，属于失实报告：

（一）评价期间，未辨识出国家明令限制类、淘汰类工艺及设备或者辨识有误，且影响评价结论的；

（二）评价期间，矿山存在不符合国家和行业规定的安全生产条件项，评价报告未做评价的；

（三）评价期间，矿山存在法规、规章中列举的重大事故隐患，评价报告未做评价的；

（四）矿山主要生产系统缺项、漏项，且影响评价结论的；

（五）主要危险有害因素辨识与分析漏项的；

（六）《金属非金属矿山建设项目安全评价报告编写提纲》要求的重要定量计算分析缺失的；

（七）井工煤矿采掘工艺、露天煤矿采剥工艺未了解清楚，评价报告未做评价的；

（八）存在主要法规、标准引用错误，且影响评价结论的；

（九）对策措施建议与被评价项目存在问题不符的；

（十）法规、规章、标准或者行政规范性文件列举的其他失实情况。

**第十八条** 矿山安全评价机构出具的安全评价报告存在下列情形之一的，属于虚假报告：

（一）未经安全评价，或者安全评价项目组组长及负责勘验人员不到现场实际地点开展勘验等有关工作的；

（二）对企业提供的资料及第三方出具的技术服务报告或者结论进行伪造、篡改的；

（三）企业未建立安全生产责任制及安全管理制度，隐患排查记录严重缺失，企业主要负责人及专职安全生产管理人员专业或者职称不符合要求的，故意隐瞒且影响评价结论的；

（四）存在不符合《煤矿企业安全生产许可证实施办法》和《非煤矿矿山企业安全生产许可证实施办法》规定的安全生产条件项，故意隐瞒且影响评价结论的；

（五）存在法规、规章中列举的重大事故隐患，未消除或者未采取有效的管控措施，故意隐瞒且影响评价结论的；

（六）故意隐瞒煤矿瓦斯、冲击地压、水害、火灾等主要灾害等级、超层越界等重大事故隐患或者情况，影响评价结论的；

（七）矿山主要生产系统、尾矿库坝体和排洪系统等内容与评价期间实际情况严重不符，且实际情况不符合安全生产有关标准、规范规定或者安全设施设计，或者未按照安全设施设计完成工程建设，故意隐瞒且影响评价结论的；

（八）未辨识出选址位于《工业企业总平面设计规范》中规定的11类区域，或者周边环境中的村庄、铁路、公路等重要设施内容与评价期间实际情况不符，且实际情况不符合安全生产有关标准、规范规定或者安全设施设计，故意隐瞒且影响评价结论的；

（九）总平面布置内容与评价期间实际情况严重不符，且实际情况不符合安全生产有关标准、规范规定或者安全设施设计，故意隐瞒且影响评价结论的；

（十）建设项目安全设施设计及其重大变更未经有关部门批准，或者安全设施验收评价报告中存在不符合验收要求的否决项，仍出具“合格”或者“符合安全生产条件”结论报告的；

（十一）伪造矿山安全评价机构公章，冒用他人名义或者允许他人冒用本人名义在安全评价报告或者原始记录中签名的；

（十二）法规、规章、标准或者行政规范性文件列举的其他虚假情况。

**第十九条** 矿山安全检测检验机构的能力、专业技术人员和诚信建设等应当满足相关安全标准的要求。

**第二十条** 矿山安全检测检验机构对委托方提供的检测检验对象进行检测检验的，检测检验报告对检测检验对象所检项目的符合性情况负责，检测检验对象的代表性和真实性由委托方负责。

**第二十一条** 矿山安全检测检验机构应当按照国家规定的检测检验对象管理、仪器设备管理与使用、检测检验规范或者方法、数据传输与保存等要求进行检测检验。

矿山安全检测检验机构与委托方可以对不涉及国家规定的检测检验规范或者方法等作出约定。

**第二十二条** 矿山安全检测检验机构出具的检测检验报告存在下列情形之一，且数据、结果存在错误或者无法复核的，属于失实报告：

（一）检测检验对象的抽样、采集、标识、分发、流转、制备、保存、处置不符合标准等规定，存在检测检验对象代表性不够、污染、混淆、损毁、性状异常改变等情形的；

（二）使用未经检定或者标校的仪器、设备、设施的；

（三）违反国家规定的检测检验规范或者方法的；

（四）未按照标准等规定传输、保存原始数据和检测检验报告的；

（五）法规、规章、标准或者行政规范性文件列举的其他失实情况。

**第二十三条** 矿山安全检测检验机构出具的检测检验报告存在下列情形之一的，属于虚假报告：

（一）未经检测检验，或者承担现场检测检验的人员未按规定到现场实际地点开展检测检验等有关工作的；

（二）伪造、变造原始数据、记录，或者未按照标准等规定采用原始数据、记录的；

（三）减少、遗漏或者变更国家规定中应当检测检验的项目，或者改变关键检测检验条件的；

（四）调换检测检验对象或者改变其原有状态进行检测检验的；

（五）伪造矿山安全检测检验机构公章、检测检验专用章或者资质标志，冒用他人名义或者允许他人冒用本人名义在检测检验报告或者原始记录中签名，伪造授权签字人签名或者签发时间的；

（六）法规、规章、标准或者行政规范性文件列举的其他虚假情况。

## 第三章 矿山企业主体责任

**第二十四条** 新建、改建、扩建矿山工程项目应当按照国家有关规定进行安全评价，矿山企业应当委托具有安全评价资质的机构进行安全评价。

煤矿建设项目的安全预评价报告可由项目建设单位按要求自行编制，也可委托具有安全评价资质的矿山安全评价机构编制。

**第二十五条** 矿山企业必须按照相关规定委托具有检测检验资质的机构对安全设备进行定期检验。

**第二十六条** 矿山企业委托矿山安全评价检测检验机构开展服务，不得要求特定的安全评价检测检验结果。对于国家规定的检测检验对象，矿山企业不得要求矿山安全检测检验机构减少检测检验项目。

**第二十七条** 矿山企业应当对本企业安全评价检测检验过程进行监督，核验现场勘验人员或者检测检验人员信息的真实性、符合性和一致性，并提供相关资料和必要的安全评价检测检验条件。

**第二十八条**　矿山企业应当建立安全评价检测检验档案，妥善保存安全评价检测检验过程中的原始资料。

**第二十九条**　矿山企业应当及时整改安全评价报告提出的风险防范措施、事故预防措施、隐患整改意见，以及检测检验报告提出的不符合项等，确保整改落实到位。

**第三十条**　矿山企业不得利用甲方地位或者采取利诱、拒付服务费用、合同约定等手段，要求或者默认矿山安全评价检测检验机构出具失实或者虚假报告。

矿山企业不得购买、伪造虚假报告，不得利用失实或者虚假报告获得相关许可、验收或者备案。

## 第四章　监督检查

**第三十一条**　省级矿山安全监管部门应当制定对本行政区域内矿山安全评价检测检验机构及其服务活动的年度监督检查计划。各级矿山安全监管部门应当对在本行政区域内跨区域开展矿山安全评价检测检验服务活动的机构相关信息进行核查，并对其服务活动实施抽查。

省级矿山安全监察机构应当将对矿山安全评价检测检验服务活动的监督检查纳入安全监察内容。

**第三十二条**　矿山安全监管监察部门在日常监管监察工作过程中，可以对矿山企业落实安全评价检测检验主体责任情况和矿山安全评价检测检验机构为矿山企业提供的服务情况实施延伸检查。

**第三十三条**　矿山安全监管监察部门在矿山安全生产行政许可、矿山建设项目安全设施“三同时”审查、监管监察、事故调查工作中，发现矿山企业和矿山安全评价检测检验机构在安全评价检测检验服务活动中存在违法违规行为的，应当依法实施处理处罚；对利用失实或者虚假报告获得相关许可、验收或者备案的相关单位和人员，应当依法进行处理。

**第三十四条**　矿山安全监管监察部门应当对举报投诉和交办移送的矿山安全评价检测检验违法行为及时进行核查。

**第三十五条**　省级矿山安全监管部门可以结合企业风险程度、社会关注度、信用水平状况、大数据监测情况、举报投诉情况、生产安全事故责任认定情况、监管监察部门明查暗访发现问题情况、监督检查及检测检验能力考核结果等，对本行政区域内矿山安全评价检测检验机构和矿山企业进行分类监管。

**第三十六条** 矿山安全监管监察部门对矿山安全评价检测检验服务活动的监督检查可以根据实际需要，通过以下方式实施：

（一）进入矿山安全评价检测检验机构、矿山企业进行现场检查；

（二）询问矿山安全评价检测检验机构、矿山企业的相关人员，调查有关情况；

（三）查阅、复制矿山安全评价检测检验服务活动的过程控制记录、原始记录、报告、发票、账簿及其他相关资料；

（四）法律、法规、规章等规定的其他方式。

**第三十七条** 矿山安全监管部门应当按照有关规定逐级上报并依法公开年度矿山安全评价检测检验服务活动监督检查结果等信息，并将矿山安全评价检测检验机构受到的行政处罚等信息录入安全评价检测检验机构信息查询系统。

矿山安全监管监察部门应当将违法行为情节严重的矿山安全评价检测检验机构及矿山企业的相关信息录入国家企业信用信息公示系统。

**第三十八条** 除政府采购的服务外，矿山安全监管监察部门不得强制或者变相强制要求矿山企业接受指定的矿山安全评价检测检验机构开展服务，不得滥用行政权力排除、限制竞争。

矿山安全监管监察部门不得干涉安全评价检测检验服务活动，不得要求矿山企业提交有特定结论的安全评价和检测检验报告。

## 第五章 附则

**第三十九条** 本办法由国家矿山安全监察局负责解释，自印发之日起施行。

# 附录3 煤层气地面开发建设项目安全设施设计审查和竣工验收规范

## 前言

本标准的全部技术内容为强制性。

本标准按照 GB/T 1.1—2009 给出的规则起草

本标准由国家煤矿安全监察局科技装备司提出。本标准由全国安全生产标准化技术委员会煤矿安全分技术委员会（SAC/TC 288/SC 1）归口。

本标准起草单位：山西晋城无烟煤矿业集团有限责任公司、国家煤矿安全监察局安全监察司、山西蓝焰煤层气集团有限责任公司。

本标准主要起草人：贺天才、王保玉、赵向东、田永东、刘刚、丁跃峰、白建平、张典坤、王文平、赵小山、付江。

## 1 范围

本标准规定了煤层气地面开发建设项目中关于井位布设、煤层气井、管线集输、阀组、中心处理站压缩站等内容的设计审查和竣工验收要求。

本标准适用于煤层气地面开发建设项目安全设施设计审查和竣工验收。

## 2 规范性引用文件

下列文件对于本文件的应用是必不可少的。凡是注日期的引用文件，仅注日期的版本适用于本文件。凡是不注日期的引用文件，其最新版本（包括所有的修改单）适用于本文件。

GB 3836 爆炸性环境防爆标准

GB 50058 爆炸危险环境电力装置设计规范

GB 50183 石油天然气工程设计防火规范

AQ 1082　煤层气集输安全规程

SY/T 447　埋地钢质管道环氧煤沥青防腐层技术标准

SYJ 4006　长输管道阴极保护工程施工及验收规范

SY 4200　石油天然气建设工程质量验收规范

国家质监总局令　2015 年第 166 号　气瓶安全监察规定

国家质监总局令　2014 年第 42 号　关于地下储气井安全监察有关事项的公告

## 3　术语和定义

下列文件对本文件的应用是必不可少的，凡是注日期的引用文件，仅注日期的版本适用于本文件。

凡是不注日期的引用文件，其最新版本（包括所有的修改单）适用于本文件。

3.1

**煤层气　coalbed methane（CBM）**

赋存于煤层中与煤共伴生、以甲烷为主要成分的天然气体。

3.2

**煤层气井　CBM well**

为勘探开发煤层气而在地面施工的钻井。

3.3

**管线集输 CBM gathering and transportation**

将采出的煤层气通过管线汇集和输送的过程。

3.4

**阀组 CBM gathering manifold**

对各单井或多井产出的煤层气进行汇集、计量的装置。

3.5

**中心处理站 central processing plant of gas**

收集若干阀组的煤层气并具有脱水、除尘、增压、输送等功能的场所。

3.6

**压缩站 compacting station**

将煤层气压缩成高压气体，以方便其输送或利用的场所。

## 4 设计审查

### 4.1 设计条件

4.1.1 安全设施设计应由具有相应资质的设计单位编制。

4.1.2 建设项目应由具有开采权的企业按规定取得有关部门的审批（核准、备案）意见。

### 4.2 井位布设

4.2.1 煤层气井不得布置在滑坡、崩塌、泥石流等地质灾害易发地带

4.2.2 煤层气井井口与周围建（构）筑物的防火间距应符合下列规定：

a）气井井口距架空电力线的距离应不小于1.5倍杆高，距35 kV及以上独立变电所应不小于20 m；

b）距100人以上居住区、村镇、公共福利设施应不小于25 m；

c）距国家铁路应不小于20 m，距工业企业铁路应不小于15 m，距高速公路应不小于20 m，距其他公路应不小于10 m；

d）距储罐、乙类容器及以上、相邻厂矿企业等场所应不小于20 m。

4.2.3 煤层气井位布设应保障煤矿井下巷道布置和生产安全，应布设在煤矿井下硐室、井底车场等主要设施200 m以外。

### 4.3 煤层气井

4.3.1 井场周围及排水沉淀池应设置围栏，高度不得低于1.7 m，且应有明显标识。

4.3.2 围栏上应悬挂“注意安全”“严禁烟火”“当心触电”“非工作人员禁止入内”等明确的安全警示标识和事故报警电话。

4.3.3 需要设置放空火炬的煤层气井，放空火炬置于井口全年最小频率风向的上风侧，放空火炬距井口的距离应不小于 10 m，放空火炬高度应不小于 3 m。

4.3.4 井场内所有可能对人体产生碰伤、挤伤或其他伤害的危险物体均应涂以红色标记，以示警告抽油机曲柄应加装防护栏。

4.3.5 排采设备的控制柜应具备 IP54 防护等级及以上的防护措施。

## 4.4 管线集输

4.4.1 管线线路的选择应符合下列规定：

a）线路应顺直、平缓，减少与天然和人工障碍物的交叉；

b）避开军军事设施、易燃易爆仓库、国家重点文物保护单位等区域；

c）应避开城镇规划区、大型站场、飞机场、火车站和国家级自然保护区等区域。当受条件限制，管线需要在上述区域内通过时，应征得有关部门同意，并采取相应的安全保护措施；

d）应避开不良工程地质地段。

4.4.2 管线及管线组件的材质选择应符合下列规定：

a）管线及管线组件的材料强度、寿命应符合 AQ 1082 的规定；

b）穿越环境及地质条件复杂区域时，应采用钢管或采用钢护套保护；

c）管线材质满足当地的抗震规定。

4.4.3 管线沿线设置里程桩、转角桩、标志桩和警示牌等永久性标志。里程桩沿气流前进方向从管线起点至终点间隔 500 m 连续设置。里程桩可与阴极保护测试桩结合设置。

4.4.4 钢制埋地集输管线的防腐绝缘与阴极保护设计应符合 SY/T 0447 与 SYJ 4006 的规定。

4.4.5 裸露或架空的管道的防腐与保温措施应符合 SY 4200 的规定。

4.4.6 干线阀室应保持通风良好，并设置安全警示标识。

## 4.5 阀组

4.5.1 阀组应布置在人员集中场所及明火或散发火花地点全年最小频率风向的上风侧，与相邻居民点、工矿企业和其他公用设施的防火间距应大于 30 m。

4.5.2 阀组应设置不低于 1.7 m 的不燃材料围墙或围栏，并设置安全警示标识。

4.5.3 阀组应设置放空火炬，放空火炬与阀组边缘，的距离应不小于 10 m。当放空量等于或小于 12000 $m^3/h$ 时，放空火炬高度不小于 10 m；当放空量大于 12000 $m^3/h$ 且不大于 40000 $m^3/h$，放空火炬高度不小于 40 m。

## 4.6 中心处理站

### 4.6.1 选址布局

4.6.1.1 中心处理站选址应符合下列规定：

a）远离地质灾害易发区；

b）位于人员集中场所及明火或散发火花地点全年最小频率风向的上风侧，服务期间避免站场受采空区、采动区影响；

c）满足防洪、防震设计规定。

4.6.1.2 中心处理站主要设施与周边有关设施的安全距离应符合下列规定：

a）距居民区、村镇、公共设施不小于 30 m；

b）距相邻厂矿企业、35 kV 及以上变电所不小于 30 m；

c）距公路不小于 10 m；

d）距铁路线不小于 20 m；

e）距架空通信线、架空电力线不小于 1.5 倍杆高；

f）距采石场等爆炸作业场地不小于 300 m。

4.6.1.3 放空管应位于中心处理站装置区最小频率风向的上风侧，且处于中心处理站外地势较高处其高度应比附近建（构）筑物高出 2 m 以上，且总高度不得小于 10 m。放空管距中心处理站的最近距离般不小于 10 m；当放空量大于 12000 $m^3/h$ 且不大于 40000 $m^3/h$ 时，放空管距中心处理站的最近距离应不小于 40 m；放空管应配备防雷设备。

### 4.6.2 设备

4.6.2.1 容器、管道和装卸设施等应安装防静电接地装置，应符合接地电阻规定，并定期进行安全测试。输气管线少于 5 根螺栓的法兰连接处，应设有金属跨接线。当法兰用 5 根以上螺栓连接时，法兰可不用金属线跨接，但应构成电气通路。

4.6.2.2　中心处理站的进口处应设置静电释放球和明显的安全警示标识、进站须知和避灾路线图。

4.6.2.3　中心处理站应设置不低于 1.7 m 的阻燃材料围墙或围栏，并设置安全警示标识。中心处理站内应配置相应的消防器材。中心处理站内管汇爆炸危险区域应使用防爆电气设施，电气线路的敷设应采取防爆安全措施。

4.6.2.4　中心处理站内 35 kV 及以上的变配电站应设置不低于 1.5 m 的围栏。

4.6.2.5　配电室应有应急照明，配电室门应向外开启，保持通风良好，并安装挡鼠板。电缆沟应无积水，地沟应封堵。地沟可燃气体浓度应定期检测。

4.6.2.6　中心处理站内工艺装置区、计量工作间等位于爆炸危险区域内的电气设备及照明均应采用防爆电器，其选型、安装和电气线路的布置应符合 GB 50058 的规定。

4.6.2.7　中心处理站应配备通信设备，且保证通信畅通。

4.6.2.8　中心处理站内相对封闭区域应安装通风装置及煤层气报警装置。站内风向标应设置在所有人员能看到的位置，中心处理站应专人 24 h 值守。

## 4.7　压缩站

4.7.1　压缩站厂房应符合下列规定：

a）厂房使用耐火材料，采用不发火地面；

b）厂房的门窗向外开启，建筑面积大于 100 $m^2$ 的厂房应至少设置两个疏散门，并保持通道畅通；

c）采用封闭式厂房时，应有煤层气报警装置、良好的机械通风设施和足够的泄压面积；

d）压缩机房应设置防爆应急照明系统；

e）压缩机房应有醒目的安全警示标识。

4.7.2　压缩机应符合下列规定：

a）压缩机组有紧急停车和安全保护联锁装置；

b）压缩机控制系统设置压力、温度显示与保护联动装置；

c）压缩机前设置缓冲罐；

d）压缩机单排布置；

e）在高寒地区或风沙地区压缩机组应采用封闭式厂房，其他地区采用敞开式或半敞开式厂房；

f）压缩机或其厂房与站内（明火或散发火花的设备或场所、仪表控制间、10 kV及以下的变配电室、化验室、办公室）的防火间距不小于15 m。

4.7.3 压缩煤层气储气设备应符合下列规定：

a）储气瓶（储气井）的设计应符合《气瓶安全监察规定》和《关于地下储气井安全监察有关事项的公告》的规定；

b）储气瓶组（储气井）与站内汽车通道相邻一侧，应设置安全防撞栏或采取其他防撞设施；

c）储气瓶组（储气井）进气总管上设置安全阀、压力表及紧急放空管；每个储气瓶组（储气井）出口应设置截止阀；

d）储罐区应有明显的安全警示标识。

4.7.4 进站管线上应设置紧急截断阀，手动紧急截断阀的位置应便于发生事故时及时切断气源。储气瓶组（储气井）与加气枪之间应设储气瓶组（储气井）截断阀、主截断阀、紧急截断阀和加气截断阀。

4.7.5 压缩煤层气加气机周围应设置防撞柱（栏）。

4.7.6 压缩站内管汇、阀组，压缩机等爆炸危险区域应使用防爆电气设施。电气线路应使用阻燃电缆，线路的敷设应采取防爆安全措施。

4.7.7 压缩站配备的消防水池应符合GB 50183的规定。

## 4.8 安全管理与培训

4.8.1 煤层气企业应建立安全管理机构，制定完善安全管理制度和操作规程。

4.8.2 煤层气企业应按照有关规定制定生产安全事故应急预案，组织定期演练，并根据安全生产条件的变化及时修订，生产安全事故应急预案应报地方安全主管部门备案。

4.8.3 煤层气企业应安排、组织安全生产教育和培训，企业负责人、安全生产管理人员、特种作业操作人员应取得相关安全资格证书。

4.8.4 不具备单独设立应急救援队伍条件的，应当与邻近的应急救援队伍签订救护协议。

4.8.5 人身防护

4.8.5.1 劳动防护

进入现场人员应正确使用劳动防护用品。

4.8.5.2 设备防护

设备防护应符合下列安全规定：

a）现场应配备煤层气报警仪器；

b）所产煤层气含硫化氢时，工作人员应配备硫化氢气体检测仪器及正压式空气呼吸器。

## 5 竣工验收

### 5.1 竣工验收条件

5.1.1 地面煤层气开采项目安全设施竣工验收前，该项目及安全设施应全部完成，具备安全生产条件。

5.1.2 全员应接受安全生产教育培训，企业负责人、安全生产管理人员、特种作业操作人员应持证上岗。

### 5.2 井位布置

井位布置应符合批准的安全设施设计规定。

### 5.3 煤层气井

5.3.1 围栏的布置应符合批准的安全设施设计规定，沉淀池无法布置在排采井场围栏内时，应设置独立围栏并上锁。

5.3.2 围栏上应设置“严禁烟火”“穿戴劳动防护用品”等安全警示标识和事故报警电话。

5.3.3 抽油机驴头、曲柄末梢、配重末梢等对人体易产生碰伤、挤伤或其他伤害的危险物体应涂以红色标记，以示警诫。

5.3.4 井场放空火炬的布置应符合批准的安全设施设计规定。

5.3.5 输气管线应安装阀门。

5.3.6 排采设备控制柜的防护措施应符合批准的安全设施设计规定。

## 5.4 管线集输

5.4.1 管线线路的选择应符合批准的安全设施设计规定。
5.4.2 管线及管线组件的材质选择应符合批准的安全设施设计规定。
5.4.3 管线沿线的里程桩、转角桩、标志桩和警示牌等永久性标志应符合批准的安全设施设计规定。
5.4.4 钢制埋地集输管线的防腐绝缘及阴极保护应符合批准的安全设施设计规定。
5.4.5 裸露或架空的管线应有良好的防腐绝缘层，带保温层的，应采取保温和防水措施。
5.4.6 所有管线应经吹扫、试压合格，满足安全生产条件后，方可投入运行。
5.4.7 干线阀室保持通风良好，并设置安全警示标识。

## 5.5 阀组

5.5.1 阀组的选址、布局、布置及主要设施与周边有关设施的安全距离应符合批准的安全设施设计规定。
5.5.2 阀组周围应设置阻燃材料围墙或围栏，并悬挂安全警示标识。
5.5.3 放空火炬所处位置、设置高度、距阀组的安全距离应符合批准的安全设施设计规定。

## 5.6 中心处理站

### 5.6.1 选址及布局

5.6.1.1 中心处理站的选址、布局以及中心处理站主要设施与周边有关设施的安全距离应符合批准的安全设施设计规定。
5.6.1.2 放空火炬所处位置、设置高度、距中心处理站的安全距离、防雷装置应符合批准的安全设施设计规定。

### 5.6.2 设备

5.6.2.1 容器、管道和装卸设施等设备的防静电接地装置应符合安全设计规定，输气管线应按照规定进行跨接。

5.6.2.2 安全阀、温度计和压力表应在有效期内使用，并定期进行校验。

5.6.2.3 中心处理站内调节阀、减压阀、高（低）压泄压阀等主要阀门设备运转正常，并定期进行校验；温度表、压力表安全阀等应准确，设备、管汇无渗漏。

5.6.2.4 中心处理站应设置静电释放球、安全警示标识、进站须知、避灾路线图、防火灭火器材和阻燃材料围墙或围栏，有专人告知外来人员安全注意事项。

5.6.2.5 中心处理站封闭区域应安装通风装置及煤层气报警装置，站内应设置风向标、防雷装置、通信设备。

5.6.2.6 中心处理站的防爆电气设施、防爆安全措施、变电站的围栏、站内供电、用电设备设置及走向导体选择、配电室设置等应符合批准的安全设施设计规定。

### 5.6.3 压缩站

5.6.3.1 压缩站厂房、压缩机和储气设备符合批准的安全设施设计规定。

5.6.3.2 压缩站厂房、储罐区、机房和调配区应在醒目位置设置“严禁烟火”“爆炸危险场所”等安全警示标识。

5.6.3.3 压缩站内应设置值班人员 24 h 值守，封闭式厂房应设置煤层气报警装置和机械通风设施。

5.6.3.4 压缩站内应设置风向标。

5.6.3.5 压缩机的吸入口应有可靠的防静电装置。

5.6.3.6 储气瓶组（储气井）应装有紧急放空、安全泄压设施及压力液位显示仪表。

5.6.3.7 储罐、气柜应有良好的防雷、防静电接地装置。

5.6.3.8 进站管线上应设置紧急截断阀，手动紧急截断阀的位置应便于发生事故时及时切断气源。储气瓶组（储气井）与加气枪之间应设储气瓶组（储气井）截断阀、主截断阀、紧急截断阀和加气截断阀。

5.6.3.9 加气机、储气瓶组（储气井）应设置防撞柱（栏）。

5.6.3.10 压缩站内电气设备应符合下列防爆规定：

a）部件齐全紧固，无松动、无损伤、无机械变形，场所清洁、无杂物和易燃物品；

b）电缆进线装置密封可靠，空余接线孔封闭符合规定；

c）设备保护、联锁、检测、报警、接地等装置齐全完整；

d）防爆灯具应符合 GB 3836 的规定；

e）接地端子接触良好，无松动、无折断、无腐蚀；

f）应急照明设施符合防爆规定。

5.6.3.11 压缩站内消防设施的配备应符合批准的安全设施设计规定。

## 5.7 安全管理与培训

5.7.1 煤层气企业应建立安全管理机构，制定完善安全管理制度和操作规程。

5.7.2 煤层气企业应按照有关规定制定生产安全事故应急预案，组织定期演练，并根据安全生产条件的变化及时修订。

5.7.3 煤层气企业应安排、组织安全生产教育和培训，企业负责人、安全生产管理人员、特种作业操作人员应持证上岗。

5.7.4 人身防护

劳动防护和设备防护应符合批准的安全设施设计规定。

# 参 考 文 献


[1] 全国人民代表大会常务委员会．中华人民共和国特种设备安全法［EB/OL］．(2013-06-29)［2023-04-10］．http：//www.npc.gov.cn/npc/c12488/201306/27f90eb695784986be68532371faf143.shtml.

[2] 全国人民代表大会常务委员会．中华人民共和国职业病防治法［EB/OL］．(2018-12-29)［2023-04-10］．https：//flk.npc.gov.cn/detail2.html？ZmY4MDgwODE2ZjEzNWY0NjAxNmYyMTJlYTIwYTE3Zjg%3D.

[3] 全国人民代表大会常务委员会．中华人民共和国安全生产法［EB/OL］．(2021-06-10)［2023-04-10］．https：//flk.npc.gov.cn/detail2.html？ZmY4MDgxODE3YTY2YjgxNjAxN2E3OTU2YjdkYjBhZDQ%3D.

[4] 中华人民共和国国务院．生产安全事故报告和调查处理条例（国务院令第 493 号）［EB/OL］．(2007-04-09)［2023-04-10］．https：//flk.npc.gov.cn/detail2.html？ZmY4MDgwODE2ZjNlOThiZDAxNmY0MWY1YjI2ODAyM2Y.

[5] 中华人民共和国国务院．关于修改《特种设备安全监察条例》的决定（国务院令第 549 号）［EB/OL］．(2009-01-24)［2023-04-10］．http：//www.gov.cn/zwgk/2009-02/06/content_1223647.htm.

[6] 中华人民共和国国务院．关于修改《工伤保险条例》的决定（国务院令第 586 号）［EB/OL］．(2010-12-20)［2023-04-10］．http：//www.gov.cn/zwgk/2010-12/24/content_1772115.htm.

[7] 中华人民共和国国务院．预防煤矿生产安全事故的特别规定（国务院令第 446 号）［EB/OL］．(2013-07-18)［2023-04-10］．https：//flk.npc.gov.cn/detail2.html？ZmY4MDgwODE2ZjNjYmIzYzAxNmY0MTI5ZGJlNjFhOWI%3D.

[8] 中华人民共和国国务院安全生产委员会．关于全面加强企业全员安全生产责任制工作的通知（安委办〔2017〕29 号）［EB/OL］．(2017-11-03)［2023-04-10］．http：//www.gov.cn/xinwen/2017-11/03/content_5236973.htm.

[9] 中华人民共和国国务院．生产安全事故应急条例（国务院令第 708 号）［EB/OL］．(2019-02-17)［2023-04-10］．https：//www.mem.gov.cn/fw/flfgbz/201903/t20190301_231790.shtml.

[10] 中华人民共和国国务院安全生产委员会．安全生产宣传教育“七进”活动基本规范（安委办〔2017〕35 号）［EB/OL］．(2017-12-13)［2023-04-10］．https：//www.mem.gov.cn/awhsy_3512/awhbgswj/201712/t20171213_247860.shtml.

[11] 国家安全生产监督管理总局．用人单位职业健康监护监督管理办法（国家安全生产监

督管理总局令第 49 号）［EB/OL］．（2012-04-27）［2023-04-11］．https：//www.mem.gov.cn/gk/gwgg/agwzlfl/zjl_01/201204/t20120427_233754.shtml.

［12］国家安全生产监督管理总局．煤层气地面开采安全规程（试行）（国家安全生产监督管理总局令第 63 号）［EB/OL］．（2013-08-29）［2023-04-23］．https：//www.chinamine-safety.gov.cn/zfxxgk/fdzdgknr/zcfg/bmgz_01/mkanj/201202/t20120222_405969.shtml.

［13］国家安全生产监督管理总局．特种作业人员安全技术培训考核管理规定（国家安全生产监督管理总局令第 80 号）［EB/OL］．（2015-05-29）［2023-04-11］．https：//www.mem.gov.cn/gk/zfxxgkpt/fdzdgknr/gz11/201005/t20100524_405579.shtml.

［14］中华人民共和国应急管理部．安全评价检测检验机构管理办法（应急管理部令第 1 号）［EB/OL］．（2019-03-20）［2023-04-11］．https：//www.mem.gov.cn/gk/zfxxgkpt/fdzdgknr/gz11/201903/t20190320_405559.shtml.

［15］中华人民共和国应急管理部．生产安全事故应急预案管理办法（应急管理部令第 2 号）［EB/OL］．（2019-07-11）［2023-04-11］．https：//www.mem.gov.cn/gk/zfxxgkpt/fdzdgknr/gz11/201606/t20160603_405633.shtml.

［16］中华人民共和国国家卫生健康委员会．工作场所职业卫生管理规定（国家卫生健康委令第 5 号）［EB/OL］．（2020-12-31）［2023-04-11］．http：//www.moj.gov.cn/pub/sfbgw/flfggz/flfggzbmgz/202104/t20210416_356334.html.

［17］中华人民共和国国家卫生健康委员会．关于进一步加强用人单位职业健康培训工作的通知（国卫办职健函〔2022〕441 号）［EB/OL］．（2022-12-13）［2023-04-11］．http：//www.gov.cn/zhengce/zhengceku/2022-12/30/content_5734220.htm.

［18］国家安全生产监督管理总局．安全评价（上下册）（3 版）［M］．北京：煤炭工业出版社，2005.

［19］尚勇，张勇．中华人民共和国安全生产法释义［M］．北京：中国法制出版社，2021.

［20］裴文田．加强煤层气安全标准建设促进煤层气规范有序开发［J］．中国煤层气，2009，6（1）：3-5.

［21］林钰涵．煤层气企业安全生产管理评价研究［D］．大连：大连交通大学，2015.

［22］崔福海．职业健康安全环境（HSE）管理体系在煤层气开采企业的应用研究［D］．北京：北京化工大学，2018.

［23］杨勇．煤层气开采安全生产技术标准体系的构建研究［J］．中国石油和化工标准与质量，2022，42（7）：1-3.

［24］陈瑞杰．煤层气开采过程安全风险因素控制策略研究［J］．中国石油和化工标准与质量，2022，42（24）：96-98.